# SILBER

Das neue kompakte Bestimmungsbuch

# SILBER

## Das neue kompakte Bestimmungsbuch

Lydia Darbyshire

KÖNEMANN

This book was designed and produced by
Quintet Publishing Limited
6 Blundell Street
London N7 9BH

Original title: Identifying Antique Silver


Bonner Straße 126, D-50968 Köln
Übersetzung aus dem Englischen, Redaktion
und DTP-Satz der deutschen Ausgabe:
Redaktionsbüro Daniel Roeseler, München
Druck und Bindung: Sing Cheong Printing Co., Ltd.
Printed in Hong Kong, China

ISBN 3-8290-0907-0
10 9 8 7 6 5 4 3 2 1

# INHALT

# Einleitung

Silberwaren aller Art gehören zu den Gegenständen des anspruchsvollen Kunsthandwerks, die seit Jahrhunderten beliebt und begehrt sind. Viele schöne Stücke wurden eingeschmolzen - um des reinen Materialwertes willen, aber auch, um anderes daraus herzustellen. Die zahlreichen Teile, die bis heute erhalten geblieben sind, geben einen guten Überblick über den Geschmack der letzten drei Jahrhunderte.

Die Silbergegenstände, die wir Ihnen in diesem Buch vorstellen, können Sammler auch heute noch finden. Sie werden in sechs Gruppen aufgeteilt. In einem weiteren Kapitel zeigen wir eine Kollektion ausgefallener und skurriler Stücke, die oft nur dekorativen Wert haben. Unsere Auswahl umfaßt die Werke unterschiedlichster Silberschmiede aus verschiedenen Epochen. Es sind weitgehend Stücke, die heutzutage auf Auktionen und bei speziellen Händlern zu finden sind. Kirchensilber ist aus diesem Grund nicht enthalten.

Eine Besonderheit von britischem Silber ist, daß es eine Reihe von Stempeln trägt, die Auskunft geben über Herstellungsjahr, Prägeort und Silbertype. Wegen dieser aussagefähigen Markierung ist britisches Silber bei Sammlern besonders beliebt und nimmt auf den folgenden Seiten entsprechend viel Platz ein. Interessante Stücke aus anderen europäischen Ländern und aus Amerika zeigen Parallelen in den zeitgenössischen Stilen.

## Silberarten und Feingehaltstempel

Reines Silber ist viel zu weich, um daraus strapazierfähige Gebrauchsgegenstände zu fertigen. Darum werden seit jeher kleine Mengen Kupfer zugesetzt. Als ideal hat sich ein Verhältnis von 75 Teilen Kupfer zu 925 Teilen Silber erwiesen. Diese Mischung, die als Sterlingsilber bekannt ist, setzte sich infolge der Bemühungen der Gilde der Gold- und Silberschmiede im 13. Jahrhundert in England durch und wird bis heute nahezu ausschließlich für Tafelsilber verwendet.

Ist der Feingehalt des Silbers amtlich geprüft, erhält das fertige Stück einen Prägestempel. So wird die Reinheit des Materials offiziell bestätigt. Britische Prägestempel setzen sich aus Symbolen für das Sterlingsilber (ein Löwe), für Prägeort und -jahr sowie für den Hersteller zusammen. Alle abschraubbaren Teile wie z.B. Deckel, Griffe etc. wurden separat geprüft. Konnte deren Echtheit attestiert werden, wurden sie ebenfalls geprägt.

Im Jahre 1238 legte ein königliches Dekret fest, daß Tafelsilber den gleichen Feingehalt haben müsse wie Münzen, d.h. 925 (Sterling), aber erst 1300 wurde die Markierung vorgeschrieben. 1363 mußte jeder Silberschmiedemeister seine Werke nach der amtlichen Prüfung persönlich kennzeichnen. Zuerst wurden hierfür Symbole benutzt, aber im frühen 18. Jahrhundert setzten sich Initialen und Monogramme zunehmend durch.

Um 1720 bürgerte sich die Verwendung der Initialen von Vor- und Familienname ein, die noch heute üblich ist.

## – Britische Prägestätten –

| | |
|---|---|
| **London** | 1716, Britannia standard |
| | 1736, Sterling standard |
| | 1756, Sterling standard |
| | 1776, Sterling standard |
| | 1796, Sterling standard |
| | 1816, Sterling standard |
| | 1836, Sterling standard |
| | 1856, Sterling standard |
| **Birmingham** | 1773, Sterling standard |
| | 1849, Sterling standard |
| **Sheffield** | 1824, Sterling standard |
| | 1844, Sterling standard |
| **Edinburgh** | 1780, Sterling standard |
| | 1806, Sterling standard |

1477 bekam die Zunft der Londoner Silberschmiede die Kontrollpflicht für Fehler des Prüf- und Prägeamtes übertragen. Sie führten eine Markierung ein, an Hand derer der jeweils Verantwortliche zu erkennen war. 1478 verwendeten sie den Buchstaben A, in jedem folgenden Jahr einen anderen. Nach etwa 20 Jahren wurde die Form der Buchstaben verändert. Heute werden die Jahreskennbuchstaben in alphabetischer Folge vergeben, damals war die Reihenfolge eher willkürlich.

Um 1540 minderte Heinrich VIII den Silbergehalt der Münzen, 1544 enthielten sie nur noch 50% Silber. Um die Qualität ihrer Arbeiten zu bescheinigen, führten die Gold- und Silberschmiede ein neues Symbol ein, das einen aufrecht schreitenden Löwen

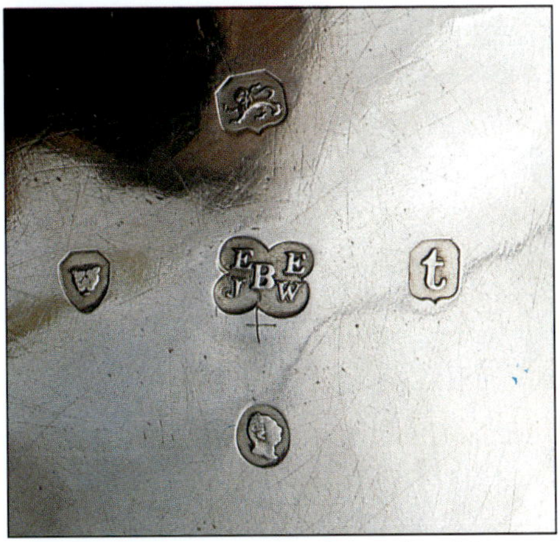

*Ein kompletter Satz Prägestempel auf der Unterseite einer viktorianischen Kaffeekanne. Alle losen Teile sind separat geprägt.*

darstellte. 1720 wurde dieser Stempel von allen britischen Prägeämtern übernommen, ebenso von den neuen Prägeämtern in Sheffield und Birmingham, die 1773 öffneten.

Im Dezember 1784 kam eine weitere Prägung hinzu, die die Zahlung einer Steuer von 6 Pence pro Unze Silber bestätigte. Sie zeigt den Kopf des Königs im Profil, zuerst Georg III. Am 30. April 1890 setzten die britischen Silberschmiede durch, daß das Parlament diese Steuer wieder abschaffte. Seitdem werden Herrscherköpfe nur gelegentlich verwendet.

Die Prägung von Symbolen in Gold und Silber ist eine gute Methode der Qualitätskontrolle, die Ursprungsort, Hersteller, Entstehungsjahr und Silbergehalt erkennbar macht.

## BRITANNIA STANDARD

Während des englischen Bürgerkrieges wurden viele Gegenstände aus Silber zu Münzen eingeschmolzen, um die Truppen beider Seiten zu bezahlen. Nach der Restauration (1660) war die Nachfrage nach Tafelsilber so groß, daß das Gegenteil geschah. 1697 wurde es den Silberschmieden untersagt, Sterling zu verarbeiten. Statt des-

### – Britische Hersteller –

1 David Willaume (1658-1741)
2 Augustine Courtauld (1658-1751)
3 Paul de Lamerie (1688-1751)
4 Paul Crespin (1694-1770)
5 Hester Bateman (1709-94)
6 Peter Bateman (1740-1825), Jonathan Bateman (1747-91)
7 Peter Bateman (1740-1825), Anne Bateman (ca. 1750-1815)
8 Peter Bateman (1740-1825), Anne Bateman (ca. 1750-1815), William Bateman (1774-1850)
9 William Bateman (1774-1850)
10 Philipp Rundell (1743-1827)
11 Nathaniel Mills (1746-1840)
12 Paul Storr (1771-1844)
13 Nathaniel Mills II (1811-1873)

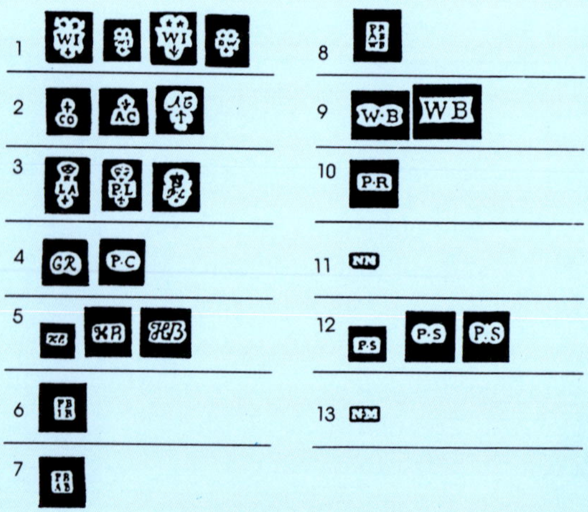

sen mußten sie ein Metall mit einem höheren Feingehalt von 958 Teilen Silber auf 1000 verwenden. Neue Prägestempel wurden eingeführt, um das System zu kontrollieren. Die Britannia ersetzte den schreitenden Löwen, ein gekrönter Leopardenkopf trat an die Stelle des Löwenkopfes.

Von 1697 bis 1720 war Britannia der Standard für Tafelsilber, danach durfte wieder Sterling verarbeitet werden. Allerdings wurde auch später 958er Silber verwendet, Stücke mit der Britannia-Prägung müssen daher nicht unbedingt aus dem späten 17. oder frühen 18. Jahrhundert stammen.

## AMERIKANISCHE SILBERSTEMPEL

Silberschmiede in Amerika unterlagen keiner staatlichen Kontrolle, Datumsstempel oder Kennzeichnungen der Reinheit von Edelmetallen war nicht vorgeschrieben. Die Bostoner und New Yorker Silberschmiede schlossen sich zu Gilden zusammen und legten ihre eigenen Standards fest. Üblich waren nur Monogramme, selten Symbole für Herkunftsort oder Feingehalt.

Eine Ausnahme bilden nur Stücke aus Baltimore (Maryland), wo es von 1814 bis 1830 ein Prägeamt gab. Als Symbol für hochwertiges Material

### – Amerikanische Hersteller –

1 John Burt (1691-1745)
2 John Coney (1655-1722)
3 H. Boelen (1684-1755)
4 T. Dwight (1645-1691)
5 R. Sanderson (1608-93)
6 K. ten Eyck (1678-1753)
7 S. Soumain (1685-1750)
8 Paul Revere (1735-1818)
9 Samuel Kirk und John Smith (1815)
10 Wm. Gale (1824-1850) mit „Pseudostempeln"
11 Tiffany & Co (1875-91)
12 Tiffany & Co (1891-1902)
13 Baltimore-Prägung (1815)
14 Sterling-Prägung und Datumsstempel, verwendet von Dominick & Haff (1872-1928)

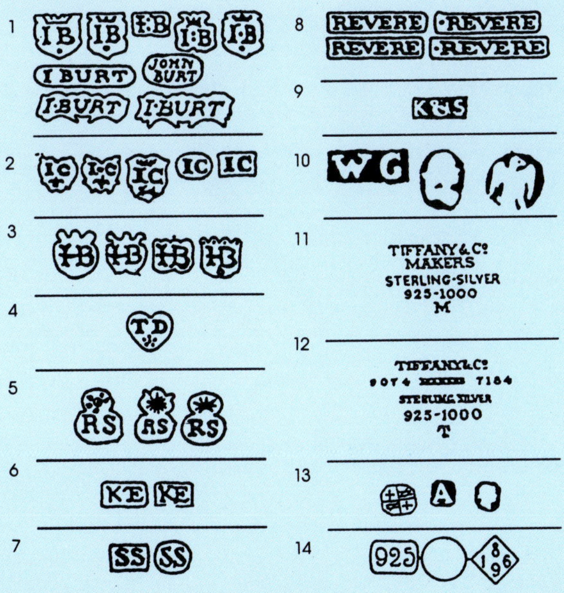

dienten ein Liberty-Kopf sowie Symbole für Stadt und Prägejahr. Vor und nach dieser Zeit verwendeten die Silberschmiede von Baltimore die Markierung „11oz“ oder „10,5oz“ für einen Anteil von 11 bzw. 10,5 Unzen Silber pro 12 Unzen Gesamtgewicht.

Der Silbergehalt der Stücke aus dem 17. und 18. Jahrhundert ist sehr uneinheitlich. Wurden Münzen eingeschmolzen, spielt deren Ursprung eine Rolle. Wurden Silberbarren verarbeitet, so bestanden diese aus Sterling. Nach dem Unabhängigkeitskrieg wurde für amerikanische Silbermünzen ein Feingehalt von 892 Teilen festgelegt, dieser wurde 1837 auf 900 Teile angehoben. 1896 setzte sich Sterling durch, auf Silberwaren wurde „sterling“ geprägt. Vorher waren Prägungen wie „standard“, „C“ oder „coin“ (Münze), „quality“ oder „premium“ üblich gewesen.

*Ein Seidel um 1720 bis 1730 von William Jones aus Massachusetts*

## SHEFFIELD-PLATTIERUNG

Eine erfolgreiche Methode zur Herstellung silberplattierter Stücke wurde ca. 1743 von Thomas Boulsover (auch Bolsover, 1704-88) entdeckt. Er goß eine dünne Schicht Silber auf einen Kupferblock und stellte fest, daß sich beide Materialien unter Druck gleichmäßig ausdehnen. So konnten versilberte Platten hergestellt werden. Zuerst überzog man nur eine Seite des Kupfers mit Silber, um 1765 ging man zu einer beidseitigen Plattierung über. Boulsover stellte daraus Tabaksdosen und Uniformknöpfe her. Andere Silberschmiede verfeinerten seine Technik und fertigten auch anspruchsvollere und größere Stücke wie Terrinen und Platten. Die meisten dieser Stücke tragen keine Prägung und können nur durch Vergleiche mit zeitgenössischem Silber datiert werden.

## REGISTRIERUNGSSTEMPEL

1850 wurde auch für versilberte Gegenstände ein Stempelsystem zur Datierung eingeführt. Dies ist jedoch keine eigentliche Silberprägung.

## Der Zustand von Silber

Der Zustand eines massiven, plattierten oder versilberten Gegenstandes ist von entscheidender Bedeutung für seinen Wert - im materiellen wie im praktischen Sinne. Nur unbeschädigte Stücke, die nicht zweckentfremdet wurden, haben einen beständigen Wert.

Ist die Prägung durch Abnutzung oder zu häufiges Polieren nicht mehr klar erkennbar, mindert dies den Wert ebenfalls. Bei Stücken aus England sollte die Prägung auch auf losen und abnehmbaren Teilen gut zu erkennen sein.

*Ein Sheffield-Serviettenring von ca. 1790*

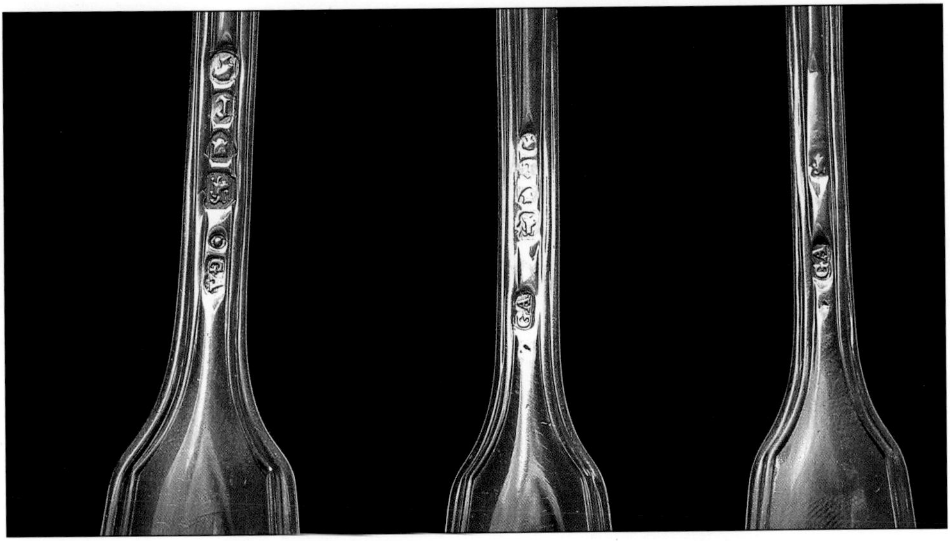

*Der Zustand der Prägung ist nicht nur wichtig zum Identifizieren und Datieren eines Stückes. Er gibt auch Auskunft über seinen Gesamtzustand. Die linke Prägung ist klar, jedes einzelne Symbol ist gut zu erkennen. Die mittlere Prägung ist noch akzeptabel, während bei der rechten nur noch das Symbol des Silberschmiedes erkennbar ist.*

Im 19. Jahrhundert war es üblich, ältere Stücke nachträglich zu dekorieren, um sie dem Zeitgeschmack anzupassen. Die viktorianische Vorliebe für naturalistische Dekors veranlaßte viele Silberschmiede, Stücke aus dem 18. Jahrhundert mit gehämmerten Ornamenten wie Ranken, Blätter oder Jagdszenen zu verzieren. Meist blieb dabei die ursprüngliche Prägung erhalten, und in der Regel können diese Stücke legal verkauft werden, solange der ursprüngliche Gebrauchszweck erhalten bleibt. Jedes hinzugefügte Stück Silber muß markiert sein.

## Silber pflegen

Durch Gebrauch entstehen viele Kratzer auf der Silberoberfläche, eine edel schimmernde Patina bildet sich. Lange Zeit ist diese Patina jedoch als Nachteil von Tafelsilber empfunden worden.

*Rechts sehen Sie den birnenförmigen Krug in seiner Ursprungsform. Im 19. Jahrhundert wurde er in einen Krug für heiße Milch verwandelt. Die Tülle und der Deckel wurden hinzugefügt, der Griff zur Isolierung mit Elfenbein ausgefüllt. Auch die Ornamente wurden nachträglich angebracht.*

Das Anlaufen ist ein natürlicher Prozeß. Wie schnell Silber anläuft, hängt von der Luftfeuchtigkeit und dem Schmutzgehalt der Luft ab. Regelmäßige Reinigung und gelegentliches Polieren verzögert den Prozeß und erhalten den Glanz. Stücke, die nicht im dauernden Gebrauch sind, können in Beuteln aufbewahrt werden, die das Anlaufen verhindern sollen (beim Silberschmied erhältlich). Zum Auslegen von Schränken wird ein Textilmaterial mit einer Imprägnierung zum Schutz vor Anlaufen angeboten. Sie können die Stücke auch in säurefreies Seidenpapier wickeln und in festverschlossenen Plastikbeuteln aufbewahren. Wickeln Sie Silber nie direkt in Klarsichtfolie, es können dauerhafte Flecken entstehen.

Früher putzten die Dienstboten unter der Aufsicht des Butlers das Silber. Heute ist diese Arbeit wesentlich einfacher. Moderne Putzmittel ersetzen Bimsstein, Kreide und Salmiakgeist. Feiner Schaum ohne Schleifkörper wird mit einem Schwamm aufgetragen und wieder abgespült. Danach sofort abtrocknen, damit keine Streifen entstehen. Schaum greift das Material nicht an, er hinterläßt auch keine Schicht auf dem Silber. Einige Putzmittel enthalten einen ungiftigen Zusatz zur Verzögerung des Anlaufens. Sie halten das Silber dreimal länger blank als einfache Putzmittel ohne Anlaufschutz.

Ende des 19. Jahrhunderts wurden große und reichverzierte Stücke aus Silber mit einer Mischung aus Schellack und Alkohol überzogen. Dieser Lack schützt vor Luftfeuchtigkeit und verzögert so die Bildung von Patina. Allerdings vergilbt der Lack im Lauf der Zeit, das Silber wirkt matt und grau. Moderne Beschichtungen bestehen aus Zellulose oder Silikon. Wischt man sie ab, ist der Glanz wieder hergestellt. Das überziehen sollte vom Fachmann ausgeführt werden. Wird der Lack aufgesprüht, bleiben oft winzige Löcher in der Oberfläche zurück, durch die Luft eindringen kann. Dann muß die ganze Beschichtung von einem Fachmann wieder entfernt werden. Eine andere Art der Beschichtung wird durch Hitze aufgebracht. Sie eignet sich nicht für Stücke mit Lötstellen oder einer Unterschicht aus weicherem Metall – sie würden schmelzen.

## NEU VERSILBERN

Plattiertes Sheffield-Silber sollte nur im Notfall neu versilbert werden. Reines Silber wird elektrolytisch auf die Oberfläche aufgebracht, der sanfte blaue Schimmer des Sterling geht verloren. Wenn mehr als 70% des Kupfers durchscheinen, hat das Stück nur noch etwa den halben Wert, und eine Neuversilberung ist überlegenswert. Ein wirklich guter Silberschmied kann aber auch neu versilberte Stücke „antik“ aussehen lassen.

# SEIDEL, BECHER & KRÜGE

## SEIDEL

**DATUM** ca.1710

**PRÄGEORT** New York

**HERSTELLER** Gerrit Onkelbag

**HÖHE** 15 cm

Dieser kleine, leicht konische Seidel hat einen gewölbten Deckel mit einer eingelegten, von Blättern umrandeten Münze. Der Rand des Deckels und die Vorderseite sind ebenfalls mit Blattmustern verziert. Das Daumenstück ist gedreht, der Griff ist mit einem applizierten Löwen und gravierten Initialen verziert. Das Ende des Griffes schmückt ein Puttenkopf. Um den unteren Rand verläuft eine Bordüre mit Blattmotiven. Das Roosevelt-Wappen mit der Blätterdekoration wurde erst später eingraviert.

Gerrit Onkelbag (oder Onclebagh) verwendete ein dreiblättriges Prägezeichen mit den Buchstaben *B* über *GO*. Während die Silberschmiede in Massachusetts vom Londoner Handwerk beeinflußt wurden, deuten die Arbeiten der New Yorker Meister auf ihren niederländischen Ursprung und den Einfluß der aus Frankreich geflohenen Hugenotten hin. Seidel aus New York sind oft größer, schwerer und reicher verziert als zeitgenössische Stücke aus Massachusetts.

## SEIDEL

**DATUM** 1750

**PRÄGEORT** Philadelphia

**HERSTELLER** Philip Syng jr.

**HÖHE** 18 cm

Der fast zylindrische Korpus dieses Seidels ist mit erhabenen Bändern verziert. Der Deckel ist kuppelförmig. Der abgerundete Henkel ist auf der Außenseite mit einem Perlenrelief dekoriert, sein Ende ist unten schildförmig abgeflacht. Die Initialen *MHM* (Mary Hollingsworth Murray) und das Datum 12. November 1881 kamen später hinzu.

Philip Syng jr. (1703–89) wurde in Cork (Irland) geboren. 1714 emigrierte er mit seinen Eltern nach Annapolis, Maryland. 1720 zog die Familie nach Philadelphia. Sein Vater Philip Syng sen. (1670–1739) gründete dort eine Silberschmiede, ehe er ca. 1725–30 nach Annapolis zurückkehrte. Philip Jr. übernahm das Geschäft in Philadelphia. Bekannt wurde er durch einen Tintenfaßhalter von dem man vermutet, daß er bei der Unterzeichnung der Unabhängigkeitserklärung verwendet wurde.

## SEIDEL

**DATUM** 1773

**PRÄGEORT** London

**HERSTELLER** Thomas Wallis d.Ä.

**HÖHE** 19 cm

**DURCHMESSER** 12,5 cm

Dieser Seidel im Stil Georg III hat einen leicht ausgestellten Sockel. Er ist nur mit schlichten gerippten Bändern dekoriert.

Die Griffe solcher Seidel bestehen meist aus zwei Teilen, die vor dem Montieren des Griffes verlötet wurden. Der beim Verlöten entstehende Dampf entwich durch eine Öffnung am unteren Ende des Griffes, meist in der Nähe des unteren Befestigungspunktes. Der Deckel ist mit einem Scharnier oberhalb des Henkels befestigt, in der Regel trägt er ein Daumenstück. Im 18. Jahrhundert hatten diese Daumenstücke meist eine gerollte oder gedrehte Form. Ausgestellte Sockel sind typisch für alte Seidel, später ging man zu einem schmalen Ring über.

Im 18. Jahrhundert war die ausgestellte Form erneut in Mode gekommen. Als sich das Glas verstärkt durchsetzte, ging die Herstellung silberner Seidel zurück.

## SEIDEL

**DATUM** 1811

**PRÄGEORT** Stavanger

**HERSTELLER** Isack Andersen Feldhus

**HÖHE** 19 cm

Der traditionelle zylindrische Seidel ruht auf drei kugelförmigen, von je einer Klaue gefaßten Füßen. Den schlichten Henkel ziert ein Daumenstück in Form eines Löwen mit einem eingelegten Halbedelstein. In den Deckel ist eine norwegische Münze eingelassen. Parallele Markierungen im Inneren zeigen an, wieviel jemand trinken darf, ehe er den Seidel weitergeben soll.

Obwohl solche Seidel häufiger in Skandinavien zu finden sind, wurden sie vom ausgehenden 16. bis zum 18. Jahrhundert auch in England hergestellt. John Plummer aus Newcastle upon Tyne (York) war einer der bekannteren Silberschmiede solcher Gefäße. Typisch sind die zylindrische Form und die drei Füße, oft in Form von Klauen mit Kugeln oder von Granatäpfeln und mit darüberliegenden Blattverzierungen. Die meist flachen Deckel greifen über den Rand des Korpus. Gelegentlich ist der Rand des Deckels mit einer Bordüre verziert, auch mittige Dekorationen kommen vor. Die Griffe verjüngen sich häufig nach unten hin, die Daumenstücke sind oft wie aufrechte Löwen oder Vögel geformt.

## BECHER

**DATUM** 1776

**PRÄGEORT** London

**HERSTELLER** John King

**HÖHE** 13,5 cm

Als Becher bezeichnet man in der Regel Trinkgefäße mit einem Henkel und ohne Deckel. Seidel dagegen haben einen Deckel. Becher sind in der Regel kleiner als Seidel.

Dieser bauchige Georg-III-Becher ist sehr schlicht gearbeitet. Nur der doppelt gerollte Griff ist am oberen Ansatz mit einem Blattmotiv verziert. Ähnlich wie Seidel wurden auch Becher oft mit Wappen dekoriert. Wurden solche Gravuren nicht nachträglich angebracht, erhöhen sie meist den Wert des Stückes. Bis ca. 1170 wurde die Prägung auf dem Boden angebracht, später meist seitlich in der Nähe des Henkels.

## BECHER

**DATUM** 1783

**PRÄGEORT** London

**HERSTELLER** Walter Tweedie

**HÖHE** 11,5 cm

Dieser leicht konische Georg-III-Becher ist reich graviert. Wenn Becher überhaupt verziert wurden, dann waren die Dekorationen meist eher schlicht. Aufgesetzte oder gravierte Bänder kamen gelegentlich vor, sonst waren Bögen, Monogramme oder Wappen die einzige Verzierung. Nur während der Periode des Regency (1811–20) wurden schlicht geformte Becher großzügig mit Ranken aus Blättern und Blüten verziert.

## KANNE MIT DECKEL

**DATUM** 1815

**PRÄGEORT** London

**HERSTELLER** Paul Storr

**HÖHE** 16,5 cm

**DURCHMESSER** 13,5 cm

Diese Kanne stammt von einem der größten englischen Silberschmiede des 19. Jahrhunderts, Paul Storr (siehe auch S. 37). Den Deckel ziert ein Fächermuster, die untere Kante ist mit einer Girlande aus Bärenklau und Lotusblüten dekoriert, die zu dieser Zeit sehr populär waren. Daumenstück und Tülle sind ähnlich verziert, der Henkel trägt eine Dekoration aus Blättern. Storrs Arbeiten haben höchste Qualität, und selbst unbedeutende Stücke sind aus hochwertigem Silber gearbeitet.

## SEIDEL

**DATUM** 1868

**PRÄGEORT** Birmingham

**HERSTELLER** Elkington & Co.

**HÖHE** 34 cm

Die Vorlage für diesen Seidel stammt von dem französischen Bildhauer August Adolphe Willms (1823–99), die Ausführung von Léonard Morel-Ladeuil (1820–88). Elfenbein, vergoldete und versilberte Elemente wurden kombiniert. Ins Metall sind Efeuranken, Blüten, Lorbeerzweige, Masken und Urnen geprägt. In die vier ovalen Elfenbeinflächen sind die Musen der Komödie, der Tragödie, des Gesanges und des Tanzes geschnitzt. Der obere Rand ist mit Edelsteinen besetzt, auf dunkelblauen Lackflächen stehen die Namen Terpsichore, Melpomene und Thalia. Unterhalb des mit Edelsteinen besetzten Henkels ringelt sich eine Schlange, auf dem Deckel sitzt ein Kind aus Elfenbein.

Ein gleich aussehender Seidel, vermutlich das Original, wurde von Elkington & Co. auf der Londoner Ausstellung 1862 zusammen mit anderen zeitgenössischen Stücken vorgestellt.

Willms war von 1859 bis zu seinem Tod im Jahre 1899 bei Elkington & Co. angestellt.
Auch Morel-Ladeuil war von 1859 an Angestellter der Werkstatt. Er kehrte 1885 nach Frankreich zurück, arbeitete aber bis zu seinem Tod im Jahre 1888 weiterhin für Elkington & Co.

## KELCHE

**DATUM** 1773

**PRÄGEORT** London

**HERSTELLER** John Carter

**HÖHE** 15 cm

**DURCHMESSER** 9 cm

Im 16. und 17. Jahrhundert wurden die Weinkelche aus Silber zunehmend von Glas verdrängt, aber um 1770 erlebte das Silber eine Renaissance. Kelche wie die hier abgebildeten wurden oft paarweise hergestellt, häufig wurden sie von innen vergoldet. Languetten und Bögen aus Früchten und Blüten waren als Dekoration beliebt. Gelegentlich wurden diese ziseliert, gravierte Verzierungen sind jedoch häufiger. In diese Georg-III-Kelche sind zeitgenössische Wappen graviert. Den Fuß ziert jeweils ein Strahlenmuster.

John Carter (Bz.1769–77) hat sich vermutlich auf Kerzenhalter und Servierteller spezialisiert. Seit 1769 hat er für John Parker (Bz.1758–77) und Edward Wakelin (Bz.1748–84) Leuchter gefertigt. Sein eigenes Zeichen ließ Carter erst 1776 registrieren. Man nimmt an, daß er auch gelegentlich für John Adam (1728–92) arbeitete.

## KELCH

**DATUM** 1791

**PRÄGEORT** London

**HERSTELLER** James Young

**HÖHE** 16,5 cm

**DURCHMESSER** 9 cm

Den Fuß dieses Georg-III-Kelches zieren umlaufende Riefen. Zwischen 1760 und 1820 wurden Kelche wieder beliebter, nachdem vorher Becher sehr populär gewesen waren.

Neue Techniken der Silberschmiedekunst ließen die Stücke preiswerter werden, auch das trug zu ihrer Beliebtheit bei. Im 18. Jahrhundert verschmolzen Stiel und Ansatz des Kelches und dieser Bereich wurde häufig dekoriert, graviert oder mit Edelsteinen besetzt. Prägestempel wurden entweder in gerader Linie auf dem Kelch oder in einem Bogen auf den Fuß angebracht. James Young ließ 1775 das Zeichen *I·Y* registrieren.

## KELCH

**DATUM** 1863

**PRÄGEORT** London

**HERSTELLER** William Smiley

**HÖHE** 23 cm

**DURCHMESSER** 13,5 cm

Der Kelch, der von der Form her an die Becher des frühen 16. Jahrhunderts erinnert, ist aufwendig ziseliert und bossiert. Viktorianische Kelche wie dieser sind oft prächtig verziert. Auf dem Ansatz des Kelches finden sich ausladende Blattranken, gelegentlich wurden auch Trauben auf dem Kelch oder den hochgewölbten Fuß aufgesetzt.

## KELCH

**DATUM** ca.1890

**PRÄGEORT** unbekannt (China)

**HERSTELLER** Wang Hing

**LÄNGE** 20 cm

**DURCHMESSER** 9,5 cm

Der schlichte Kelch ist nur im oberen Bereich mit einem bossierten Drachenmotiv verziert. Das traditionelle chinesische Motiv symbolisiert den Frühling, die wohltuende Kraft des Wassers, aber auch Kraft, Autorität und Weisheit. Ein Drachen mit fünf Klauen ordnete diese Eigenschaften dem Kaiser zu, ein Drachen mit drei oder vier Klauen stand für einen Prinzen oder hohe offizielle Personen der Gesellschaft.

## Pokal mit Deckel

**DATUM** 1873

**PRÄGEORT** London

**HERSTELLER** Charles Stuart Harris jr.

**HÖHE** 39,5 cm

Die Form dieses Pokals erinnert an Stücke, die um 1780 entstanden.

Charles Stuart Harris (1830–1918) ist vermutlich der Sohn des Silberschmiedes und Löffelmachers John Harris sowie Bruder von John Robert Harris, der ebenfalls Silberschmied und Löffelmacher war. Beim Tode des Vaters (ca. 1852) übernahm Charles Stuart Harris das Geschäft. Bis 1860 arbeitete er unter dem Namen Harris & Masters mit John Masters zusammen. Nach Auflösung der Partnerschaft zeichnete er selbst mit den Initialen *CSH*. 1885 übernahm er die Werkstatt D.J. & C. Houle, 1897 auch die Werkstatt seiner Söhne, Harris Bros. 1897 oder 1898 wurde das Geschäft in C.S. Harris & Sons Ltd. umbenannt.

## Pokal

**DATUM** 1875

**PRÄGEORT** Sheffield

**HERSTELLER** J. Davis & Sons

**HÖHE** 26 cm

Dieser viktorianische Pokal war vermutlich eher als Dekorationsstück und weniger als Trinkgefäß gedacht. Zwei langgezogene, weibliche Figuren bilden die Griffe – was zu dieser Zeit schon als veraltet galt.

Heute unterhält Sheffield eines der vier Prägeämter außerhalb Londons (neben Birmingham, Dublin und Edinburgh). Das Amt wurde 1773 eröffnet, zugleich wurde das Stadtzeichen aus einer Krone, einem Wappen und einem Datierungsbuchstaben eingeführt. Von 1780 bis 1853 wurden Krone und Buchstabe gemeinsam geprägt. 1975 wurde die Krone durch eine Rose ersetzt.

## WASSERKRUG

**DATUM** 1702

**PRÄGEORT** Dublin

**HERSTELLER** Thomas Bolton

**HÖHE** 25 cm

Der helmförmige Korpus dieses Queen-Anne-Kruges ist mit einem zeitgenössischen königlichen Wappen, einem Schriftzug und einem Laubkranz graviert. Darüber liegt ein aufgesetztes Band, dessen Spitzen in Blättern auslaufen. Im unteren Bereich sind stilisierte Blätter auf mattiertem Untergrund angebracht. Auch der harfenförmig geschwungene Griff ist mit Blättern verziert. Die Inschrift lautet „Melancholy September 16 1703".

Helmförmige Krüge wurden durch die hugenottischen Silberschmiede nach England und Irland gebracht. Meist sind die Krüge unten kreisrund und laufen nach oben hin oval zu. Ein oder zwei Maßstriche auf der Innenseite kommen häufig vor. Der Griff, zumeist gegenüber der schwungvoll hochgezogenen Ausgußseite, wurde gern in Form einer Caryatide oder einer mythologischen Figur gestaltet.

Gelegentlich findet man auch Masken oder andere Verzierungen unter dem Ausguß. Harfenförmige Griffe waren bei irischen Silberschmieden recht beliebt. Sie zeigen den Einfluß der Hugenotten, die in dieser Zeit nach England und Irland emigrierten. (Siehe auch Seite 32)

## WEINKRÜGE

**DATUM** 1900

**PRÄGEORT** London

**HERSTELLER** Charles Stuart Harris

**HÖHE** 38 cm

Diese Verzierung auf diesem Paar spätviktorianischer Weinkrüge ist unter der Bezeichnung Armada-Motiv allgemein bekannt. Groteske Masken, Tierköpfe und Putten fügen sich zu einem üppigen Ensemble. Das Motiv war von etwa 1860 bis in das frühe 20. Jahrhundert hinein beliebt. Gelegentlich wurden Verzierungen und Inschriften später angebracht, was den Wert solcher Stücke mindert.

## WEISSWEINKRUG

**DATUM** ca. 1870

**PRÄGEORT** Paris

**HERSTELLER** Jean-Claude Barreau

**HÖHE** 28 cm

Das Silber dieses französischen Kruges hat Standardqualität – 950/1000 Teile.

In Frankreich gibt es seit dem 14. Jahrhundert ein Prägesystem. 1313 wurde das Pariser Zeichen (die Lilie) über die Stadtgrenzen hin ausgedehnt, am Ende des Jahrhunderts erhielten 186 Städte das Recht, Gold und Silber zu prüfen und zu prägen. Auch ein Datierungssystem wurde eingeführt, es ist jedoch nicht sehr zuverlässig. Frühe Stücke zeigen ein Hersteller-Initial, dazu die Lilie und einen Jahres-Kennbuchstaben, der jährlich vom Gildemeister (garde de métier) neu vergeben wurde.

Goldene und silberne Stücke aus dem 18. Jahrhundert tragen meist das Zeichen des „fermier", der jeweils sieben Jahre im Amt war und die Steuern auf Edelmetalle einzog. Von 1765 an mußten alle Stücke aus vergoldetem Silber mit dem Buchstaben *A* für Argent (Silber) gekennzeichnet werden.

## WEISSWEINKRUG

**DATUM** 1877

**PRÄGEORT** London

**HERSTELLER** Edward Barnard & Sons

**HÖHE** 31,5 cm

**DURCHMESSER** 15 cm

Weinkrüge aus Silber gab es bereits im 18. Jahrhundert, Glaskrüge mit Silberkopf kamen jedoch erst Mitte des 19. Jahrhunderts in Mode. Im vorliegenden Fall ist das Silber aufwendig graviert, das Kristallglas mit geätzten Motiven fein verziert.

Die Werkstatt von Edward Barnard & Sons hat eine lange, verworrene Geschichte. Sie wurde ca. 1689 von Anthony Nelme gegründet, von Thomas Williams und Henry Chawner sowie John Emes weitergeführt. 1877 übernahmen die Cousins Walter Barnard (1833–1922) und John Barnard (1835–1915) das Haus. John ließ im gleichen Jahr sein Monogramm *MBJ*, umrahmt von einem Schild, registrieren. Um die Jahrhundertwende fertigte die Werkstatt viele Stücke für führende Firmen, die Barnards Monogramm häufig einfach überstempelten. Barnard war einer der Vorreiter des japanischen Stils, der nach 1870 in Mode kam.

## *Weissweinkrug*

**DATUM** ca. 1895

**PRÄGEORT** unbekannt (Deutschland)

**HERSTELLER** unbekannt

**HÖHE** 24 cm

Diese eleganten Krüge haben Kopfstücke aus 800er Standardsilber.

Im späten deutschen Rokoko orientierte sich die Silberschmiedekunst oft am Stil des zeitgenössischen Porzellans. Verzierte Bäume, Spaliere, Blüten, Früchte und Gemüse gehörten zu den beliebtesten Motiven. Mit dem ausgehenden Rokoko lebte der Klassizismus erneut auf. Französische Invasionen im frühen 19. Jahrhundert brachten den neuen Stil des Empire mit. Dieser Stil breitete sich in ganz Europa aus, bis der Historizismus sich durchsetzte. Besonders in Norddeutschland hatte die englische Silberschmiedekultur großen Einfluß. Gegen Ende des Jahrhunderts gewann der deutsche Jugendstil an Boden.

## *Wasserkrug*

**DATUM** ca.1890

**PRÄGEORT** unbekannt (USA)

**HERSTELLER** unbekannt

**HÖHE** 20 cm

Dieser amerikanische Wasserkrug ist mit naturalistischen Blättern und Blüten dekoriert.

Von etwa 1850 bis 1870 kultivierten die Silberschmiede der Ostküste gotische und italienische Stilelemente. Die Arbeiten der Meister aus New Orleans waren im Gegensatz dazu leicht und zart, mit Perlenmotiven und teils filigranen Durchbrüchen. Gegen Ende des Jahrhunderts lassen sich auch Einflüsse der britischen Arts & Crafts-Bewegung, des Jugendstils und des japanischen Stils beobachten. In kleinen Werkstätten wurden ausgefallene Stücke gefertigt. Zu den großen Häusern gehören Werkstätten wie Graham Manufacturing Co. aus Providence, Rhode Island, Banks & Biddle aus Philadelphia und Reed & Barton aus Taunton, Massachusetts.

# Kannen für Kaffee, Tee und Schokolade

## Achteckige Teekanne

**DATUM** 1711–14

**PRÄGEORT** London

**HERSTELLER** Humphrey Payne

**HÖHE** 22 cm

Die achteckige Teekanne hat eine angesetzte Tülle und einen gegossenen Knauf auf dem Deckel. Das gravierte Wappen ist von Blattwerk umrahmt. Das unmarkierte Stövchen steht auf drei Füßen und hat einen abnehmbaren Brenner.

Frühe Teekannen (ca. 1675) waren der Eiform chinesischer Kannen nachempfunden. Zur Zeit Queen Annes wurden birnenförmige Kannen mit gewölbtem Deckel populär.

Humphrey Payne (Bz. 1701–50) hatte sich auf die Herstellung von Bechern, Seideln, Menagen und Löffeln spezialisiert. Von ca. 1701–20 signierte er mit *PA*.

## Runde Teekanne

**DATUM** 1729

**PRÄGEORT** London

**HERSTELLER** Edward Pocock

**HÖHE** 9 cm

**DURCHMESSER** 10 cm

Diese kugelförmige George-III-Teekanne ist mit einer Bandgravur unterhalb des Deckels verziert. Bei ähnlichen Stücken kommen auch Wappengravuren vor.

Der Querschnitt der Kanne ist rund, nur zum leicht ausgestellten Fuß hin läuft sie etwas enger zu. Die Tülle ist gerade und verjüngt sich nach oben. Die Deckel solcher runden Teekannen schließen bündig mit dem Rumpf ab, meist werden sie eingesenkt. Scharniere, sofern vorhanden, sind häufig unsichtbar angebracht.

Die Prägungen sind bei Teekannen in der Regel in gerader Linie auf dem Fuß angebracht, gelegentlich auch auf der Seite des Korpus´. Deckel und Griff tragen meist einen aufgerichteten Löwen und das Monogramm des Meisters. Kugel-Teekannen haben zumeist hölzerne Griffe.

## Birnenförmige Teekanne

**DATUM** ca.1740

**PRÄGEORT** New York

**HERSTELLER** John Brevoort

**HÖHE** 19 cm

Einzige Dekoration dieser Kanne sind erhabene Bänder. Der kuppelförmige Deckel ist geschwungen und trägt einen balusterförmigen Knauf. Die Halterungen der Griffe sowie die schwanenhalsförmige Tülle haben einen achteckigen Querschnitt. John Brevoort (1715–75) markierte seine Stücke mit den Initialen *IBV* in einem abgeflachten Oval.

## Ovale Teekanne

**DATUM** 1798

**PRÄGEORT** London

**HERSTELLER** Simon Harris

**HÖHE** 18 cm

**LÄNGE** 30 cm

Diese Teekanne hat einen Griff aus Birnenholz und eine markant ausgeformte Schulter. Um 1790 wurden die Teekannen größer – was die englische Liebe zum Tee widerspiegelt. Meist war der Boden flach, die Tülle gerade oder geschwungen.

Die schlichte ovale Form, gelegentlich mit Bordüren oder Gravuren verziert, blieb etwa 20 bis 30 Jahre lang populär. Ende des 18. Jahrhunderts entwickelte man eine Technik, Silber dünner auszuwalzen. So konnten große Teekannen mit weniger Material hergestellt werden, als man noch wenige Jahrzehnte vorher für kleinere Exemplare benötigt hatte.

## KAFFEKANNE

**DATUM** 1744

**PRÄGEORT** Newcastle am Tyne

**HERSTELLER** William Beilby

**HÖHE** 24 cm

**DURCHMESSER** 20 cm

Die schlanke Kanne mit dem leicht modellierten Korpus hat eine geschwungene Tülle mit einem Muschelmotiv am Ansatz und einem Blattmotiv an der Ausgießöffnung.

Newcastler Silberschmiede genossen seit dem 13. Jahrhundert einen ausgezeichneten Ruf. Sie orientierten sich in erster Linie an Vorbildern aus London und Skandinavien. Von ca. 1658 bis 1672 war ein einzelnes Schloß das Prägesiegel der Stadt. Bis zur Schließung des Prägeamtes im Jahre 1883/84 bestand es aus drei Schlössern. Von 1702 bis 1721 wurden die Britannia, der Löwenkopf und der aufrechte Löwe (bis 1727 nach rechts schauend) als Stempel verwendet, im Jahre 1846 der Leopard.

Die Familie Beilby beschäftigte sich zunächst mit Glas und Email, erst im Jahre 1733 werden sie auch als Silberschmiede genannt. Der Graveur Thomas Bewick (1753–1828) ging im Jahre 1767 zu Ralph Beilby in die Lehre. 1738 ließ William Beilby sein Zeichen, die Initialien *WB* unter einem Kreis, umgeben von einem Rechteck, registrieren.

## KAFFEKANNE

**DATUM** 1748

**PRÄGEORT** London

**HERSTELLER** Thomas Whipham

**HÖHE** 23 cm

Typisch für das Rokoko sind erhabene Blatt- und Schleifenmotive. Dieser Stil wurde in der frühen viktorianischen Epoche gern – wenn auch oft wenig erfolgreich – kopiert. Diese Kanne wurde in ihrer Originalform bereits mit den Dekorationen hergestellt, obwohl das Fehlen von Wappen in den Kartuschen anderes vermuten läßt.

Der Stil der Motive und der kuppelförmige Deckel mit dem Eichelknauf sind typisch für die späten 1740er Jahre, ebenso der Deckel, der über den Rand greift. Ein kleiner Deckel mit Scharnier an der Tülle hält die Wärme in der Kanne. Thomas Whipham (Bz. 1737–75) stellte Tafelsilber her, darunter auch Saucieren mit Delphinen als Griff. Sein Zeichen war entweder *T·W* (1737) oder ein kursives *TW* (1739) in einem Rechteck und unter einer fünfblättrigen Blüte. Zwischen 1700 und 1746 arbeitete er mit William Williams zusammen. Zu dieser Zeit fügten die beiden Meister ihre Zeichen *T·W* und *WW* kreuzförmig zusammen. Von 1757 bis 1775 war Charles White *(CW)* sein Partner, diese beiden kombinierten ihre Zeichen in einem Kreis.

## KAFFEKANNE

**DATUM** ca.1750

**PRÄGEORT** Dublin

**HERSTELLER** unbekannt

**HÖHE** 26,5 cm

Die geschwungene Tülle dieser Kaffeekanne ist am Ansatz aufwendig verziert. Der Deckelknauf ist gegossen.

Schon im 10. Jahrhundert sind die Arbeiten irischer Goldschmiede dokumentiert, Werkstätten in Dublin sind aus dem 13. Jahrhundert bekannt. Dennoch trat erst 1605 ein Markierungssystem in Kraft, als der Stadtrat entschied, daß jeder Silberschmied ein eigenes Zeichen verwenden sollte. Der offizielle Prüfstempel bestand seinerzeit aus einem Löwen, einem Schloß und einer Harfe. Diese Zeichen wurden verwendet, bis 1637 Charles I neben dem Meisterstempel eine gekrönte Harfe vorschrieb. 1638 kam eine Jahresmarkierung hinzu, die aber erst 1729 zur Vorschrift erklärt wurde. Dennoch fehlt die Datierung auf irischen Stücken häufig, nach 1760 wurde fast immer auf sie verzichtet. Walpole erhob am 25. März 1730 eine Steuer auf Edelmetalle, um damit die Landwirtschaft zu fördern. Die Zahlung wurde durch die Prägung der Hibernia dokumentiert, die leicht mit der Britannia zu verwechseln ist. Der Regentenkopf, in England seit dem 1. Dezember 1784 vorgeschrieben, ist auf irischem Silber erst ab 1807 zu finden. In beiden Ländern verschwand er nach 1890 wieder.

## KAFFEKANNE

**DATUM** frühes 20. Jahrhundert

**PRÄGEORT** Wien

**HERSTELLER** Josef Hoffmann

**HÖHE** 29 cm

Josef Hoffmann (1870–1956) wurde in Moravia geboren. Er studierte Architektur in München und Wien, dort unter Otto Wagner (1841–1918). Bis 1899 arbeitete er in Wagners Werkstatt. 1897 schloß er sich der Sezession an und entwarf für die erste Ausstellung 1898 den *Ver Sacrum* Raum.

Von 1899 bis 1941 war Hoffmann Professor für Architektur an der Hochschule für angewandte Künste in Wien. Er entwickelte einen streng linearen Stil, auf Grund dessen er auch „Quadrati"-Hoffmann genannt wurde. Die lineare Abstraktheit seines Stils lehnt sich an Charles Rennie Mackintosh (1868–1928) an. Nach einer Englandreise mit Moser gründete er, beeinflußt von der Ashbee´s Guilt of Handicraft, 1903 die Wiener Werkstätte (Siehe S. 41).

Seine frühen Silberarbeiten waren noch dem linearen, geradlinigen Stil treu, in den 20er Jahren wandte er sich jedoch geschwungenen Linien und Formen zu. Die Konturen dieser Kaffeekanne geben davon Zeugnis. Mit den eleganten Details aus Elfenbein ähnelt die Kanne mehr dem Stil des Pariser Art déco als den Produkten der Wiener Werkstätte.

# KAFFEEKANNE

**DATUM** 1780

**PRÄGEORT** London

**HERSTELLER** Hester Bateman

**HÖHE** 30 cm

**Traditionell pflegten die Gilden Adlige und Frauen nicht in ihre Reihen aufzunehmen. Nur die Gilde der Silberschmiede machte hier eine Ausnahme. Hester Bateman (ca. 1709–93) ist hierfür ein Beispiel; Sammlern – vor allen Dingen in den USA – ist sie gut bekannt.**

**Nach dem Tod ihres Mannes John (ca. 1707–60) baute sie sein kleines Uhren- und Schmuckgeschäft weiter aus, bis es schließlich eine der größten Silberschmiedewerkstätten Londons war. Mit Techniken der Massenproduktion konnte die Werkstatt die Preise so weit senken, daß sie auch für Bürgerliche erschwinglich waren. Ihr Stil orientierte sich an Adam, obwohl nicht alle Stücke klassizistisch waren. Die meisten Stücke waren schlicht und von eleganter Form, häufig mit feinen Gravuren oder schmalen Bordüren im Perlmuster. Einige Stücke sind recht leicht, Löffel und Gabeln jedoch sind von höherer Qualität, da sie von Hand gefertigt wurden. Ihr Monogramm HB ist in den Akten der Londoner Goldschmiede-Gesellschaft ertsmals 1761 dokumentiert. Damals lag die Werkstatt in der Bunhill Row in London. 1789 kam ein „& Co.“ zum Monogramm. Hesters Verwandtschaft mit anderen Silberschmieden des gleichen Namens ist allerdings ungeklärt. John (1730–78), Peter (1740–1825) und Jonathan (1747–1801) waren vermutlich ihre Söhne. Anne Bateman (ca. 1750–1815), die mit Peter zusammenarbeitete, war möglicherweise die Witwe von Jonathan. Annes jüngster Sohn William (1774–1850) trat im Jahre 1800 ins Geschäft ein. Die Arbeiten der Familie umfassen die Epochen des späten Rokoko, des Klassizismus und des frühen viktorianischen Naturalismus. Einige größere Stücke sind erhalten geblieben. Im wesentlichen waren die Batemans aber auf die Fertigung preiswerter Haushaltsartikel wie dieser Kaffeekanne spezialisiert. Die zurückhaltende Dekoration ist typisch für den Stil Hester Batemans.**

## SCHOKOLADENKANNE

**DATUM** ca.1718

**PRÄGEORT** London

**HERSTELLER** David Tanqueray

**HÖHE** 22 cm

Mitte des 17. Jahrhunderts entdeckten die Engländer die Schokolade, von ca. 1680 bis 1730 erfreute sie sich wachsender Beliebtheit.

Kannen wurden häufig zum Servieren von Kaffee und Schokolade gleichermaßen verwendet. Typische Schokoladenkannen haben einen abnehmbaren Knauf im Deckel. Darunter liegt eine Öffnung, durch die ein Quirl zum Rühren des Getränks vor dem Servieren geschoben wurde. So konnte der Bodensatz, der sich bei Schokolade bildet, vermieden werden. Einige Deckelknäufe konnten auch seitlich verschoben oder mit einem Scharnier umgeklappt werden.

Reine Schokoladenkannen haben eine kurze, breite Tülle. Die Tülle von typischen Kaffeekannen ist länger und setzt etwa auf halber Höhe an.

Der seitlich angebrachte Griff war während der Regentschaften von Anne sowie von George I sehr weit verbreitet.

## SCHOKOLADENKANNE

**DATUM** 1781–87

**PRÄGEORT** Limoges

**HERSTELLER** unbekannt

**HÖHE** 22 cm

Diese französische Schokoladenkanne auf drei Füßen trägt die Markierung *VB*. Anstelle einer Tülle hat sie eine flache, breite Ausgießöffnung am oberen Rand. Die drei Füße dienten nicht nur dazu, die heiße Kanne von der hölzernen Tischplatte fernzuhalten. Sie gaben auch beim Rühren mehr Standfestigkeit. Aus dem gleichen Grund stehen einige Schokoladen- und auch Kaffeekannen dieser Periode auf einem kompakten Ring.

## TEE- UND KAFFESERVICE

**DATUM** 1834

**PRÄGEORT** London

**HERSTELLER** Edward Farrell

**HÖHE (KESSEL)** 35 cm

Edward Farrell (ca. 1779–1850) stammt aus Middlesex. Sein erstes Monogramm wurde 1813 registriert. Man vermutet, daß er zwischen ca. 1815 und Mitte der 1830er Jahre Hauptlieferant von Kensington Lewis (ca. 1790–1854) war, dem Silberschmied, dessen Werkstatt für den Herzog von York arbeitete.

Dieses wertvolle Service ist im Stil David Teniers (1610–90) verziert. Der flämische Künstler war Spezialist für ländliche Szenen. Die hier abgebildeten Stücke enthalten feine Gußdetails und handgearbeitete Ziselierungen. Farrell nutzte sein großes Geschick in diesen Detailtechniken auch für naturalistisch dekorierte Flakons und Seidel. Ähnlich wie die norddeutschen Humpen des späten 17. Jahrhunderts waren sie mit hohen Relief-Verzierungen versehen. Farrell kopierte auch frühere Stile, ist aber am besten bekannt als Vertreter des floralen viktorianischen Stils.

## TEE- UND KAFFESERVICE

**DATUM** 1872

**PRÄGEORT** Edinburgh

**HERSTELLER** Hamilton & Inches

**HÖHE** (Kaffekanne) 23 cm

Dieses Service aus Sterling-Silber zeigt den indischen Einfluß im Leben des viktorianischen Zeitalters. Tierkreiszeichen sind von Blattwerk und geometrischen Mustern umgeben.

1525 schlossen sich die Edinburgher Silberschmiede mit den anderen metallverarbeitenden Berufen der Stadt zusammen. Bereits 1457 wurden offizielle Prüfer bestellt. Jedes Stück mußte die Markierung des Herstellers und des Prüfers tragen. Das Zeichen der Stadt, ein dreitürmiges Schloß, kam im Jahre 1485 hinzu. 1681 führte man einen Jahresbuchstaben ein, der jeweils im September geändert wurde.

Der Stempel zeigte – wie auch in England zwischen 1. Dezember 1784 und 30. April 1890 üblich – als Beleg dafür, daß die Steuer entrichtet worden war.

1880 ließen Hamilton & Inches ihr Zeichen *H&I* in einem Rechteck registrieren, ab 1884 wurden romanische Buchstaben für das Monogramm verwendet.

## TEE- UND KAFFESERVICE

**DATUM** 1891–1902

**PRÄGEORT** New York

**HERSTELLER** Tiffany & Co.

**HÖHE** (Kessel) 35 cm

**LÄNGE** (Tablett) 76 cm

Zu dem Service aus Teekanne, Kaffeekanne, Zuckerdose mit Deckel, Sahnekännchen, Tischabfallbehälter und Kessel mit Brenner gehört ein passendes, rechteckiges Tablett mit zwei Griffen. Alle Teile sind mit einem Chrysanthemen-Motiv reichlich verziert.

Chrysanthemen, stilisierte Bambushalme und Binsen waren zwischen 1880 und 1890 die beliebtesten Motive des japanisch inspirierten Tafelsilbers von Tiffany und auch der Gorham Manufacturing Company. Als Japan sich 1853 dem Westen öffnete, breitete sich geradezu ein „Japan-Wahn" in den USA aus. Stücke wie diese fanden großen Anklang. Tiffany wurde beeinflußt von Edward Chandler Moore (1827–91), dem Chefdesigner des Unternehmens und Sohn von Charles Louis Tiffanys erstem Partner. Er war ein großer Asienkenner und Sammler. Auf der Jahrhundertausstellung fand die japanische Kunst große Beachtung, was die Verbreitung dieser Stilrichtung in den USA begünstigte. Moores Arbeiten für Tiffany wurden auf der Pariser Weltausstellung 1878 mit einer Goldmedaille ausgezeichnet. Louis Comfort Tiffany wurde von Moore stark beeinflußt. (Siehe auch Seite 47).

## TEEKANNE

**DATUM** 1881

**PRÄGEORT** vermutlich Birmingham

**HERSTELLER** Christopher Dresser

**LÄNGE** 25 cm (inklusive Griff)

Nach einem Studium an der Londoner School of Design arbeitete Christopher Dresser (1834–1904) zunächst als Lehrer für Botanik. Er wurde stark beeinflußt von Owen Jones (1809–74), einem Kollegen von Henry Cole (1808–82). Dieser versuchte, Regeln aufzustellen, mit deren Hilfe Design den Gefühlen und Bedürfnissen seiner Zeit gerecht werden könne. Jones Ideen basierten auf den Studien natürlicher Strukturen und Formen sowie vergangener Stilepochen. Dabei konzentrierte er sich auf zugrundliegende Gesetzmäßigkeiten, weniger auf Detail-Ausformungen. Dresser trieb Jones´ Überlegungen weiter voran, er schloß auch geometrische Strukturen ein. Zu seinen größten Erfolgen gehören Entwürfe für James Dixon & Son in Sheffield sowie Hukin & Heath und Elkington & Co., beide Birmingham.

Charakteristisch für seine eleganten, geometrischen Formen ist die funktionale Einfachheit, sowohl im Hinblick auf die Herstellung wie auf den Gebrauch. Dresser legte Wert darauf, daß seine Entwürfe für diejenigen „erschwinglich seien, die sie genießen könnten", darum hielt er die Herstellungskosten möglichst gering. Er war seiner Zeit weit voraus.

## Kanne mit Deckel

**DATUM** 1702

**PRÄGEORT** Dublin

**HERSTELLER** Thomas Bolton

**HÖHE** 30 cm

Diese Kanne stammt aus der Zeit der Queen Anne (1702–14), die Gravuren zeigen zeitgenössische königliche Wappen. Die schnabelförmige Tülle ist mit Blattmotiven dekoriert, der Griff läuft in einem Vierblatt aus. Oberhalb des Fußes befindet sich ein stilisiertes Blattmuster auf mattiertem Grund. Den gewölbten Deckel ziert ein balusterförmiger Knauf, das Daumenstück ist gerollt.

Thomas Bolton (Bz. 1686–1702) wird vielfach als bester Silberschmied Dublins im ausgehenden 17. Jahrhundert eingeschätzt. Zu dieser Zeit orientierten sich die Dubliner Silberschmiede am Stil der Londoner Meister, vermutlich weil sie wirtschaftlich von den englischen Adligen abhängig waren, die in Irland große Ländereien besaßen. Bolton allerdings beschritt neue Wege. 1694 ließ er das Monogramm *TB* auf einem Schild als Prägezeichen registrieren.
(Siehe auch Seite 21)

## Kanne für heisse Milch

**DATUM** 1717

**PRÄGEORT** London

**HERSTELLER** Richard Bayley

**HÖHE** 15 cm

Der achteckige, balusterförmige Korpus dieser Kanne steht auf einem stark eingezogenen Fuß. Der Deckel ist gewölbt, im Knauf wiederholt sich die Form der Kanne.

Bis zum frühen 18. Jahrhundert trank man in England Tee ohne Milch. Danach servierte man dazu Milch oder Sahne, die gewöhnlich angewärmt wurde. Schlichtere Milchkännchen, die vom Stil her den deckellosen Kännchen entsprachen, lösten die zierlichen Deckelkannen Anfang der 1730er Jahre ab. Auch für heißes Wasser zum Rasieren dienten solche Kännchen.

## Teekessel

**DATUM** 1868

**PRÄGEORT** Birmingham

**HERSTELLER** Jonas and George Bowan

**HÖHE** 43 cm

**DURCHMESSER** 20 cm

Dieser viktorianische Teekessel mit passendem Rechaud ist mit zeittypischen handgetriebenen Blatt- und Blütenmotiven reichlich verziert.

Es ist nicht genau bekannt, wie weit die Silberschmiedetradition in Birmingham zurückreicht, gewiß aber bis ins Jahr 1773. Damals legten die Silberschmiede der Stadt dem Parlament eine Eingabe zur Einrichtung eines örtlichen Prägeamtes vor. Stücke aus Birmingham mußten zur Prüfung nach Chester oder London geschickt werden, was Zeit kostete und auch mit Unkosten verbunden war. Obwohl die Gemeinschaft der Londoner Goldschmiede den Antrag ablehnte, erhielt Birmingham ein Prägeamt. Eine Gesellschaft zur Überwachung des Qualitätsstandards in der Stadt und in einem Umkreis von 30 Meilen wurde eingerichtet. Ihr Prüfzeichen war der Anker, der noch heute in Gebrauch ist.

## Kaffekanne

**DATUM** 1795

**PRÄGEORT** London

**HERSTELLER** Peter Podio

**HÖHE** 17 cm

**DURCHMESSER** 10 cm

Wärmekannen für Saucen wurden zwischen ca. 1760 und 1820 aus plattiertem und in reinem Silber hergestellt. Angeblich wurden sie vom 4. Duke of Argyll erfunden, der Wert auf heiße Sauce legte. Meist sind sie balusterförmig, man findet aber auch frühe zylindrische Exemplare. Ähnlich wie Kaffeekannen hatten sie einen Griff und eine lange, oft geschwungene Tülle. Einige hatten eine doppelte Außenwandung mit separater Öffnung zum Einfüllen von heißem Wasser. Andere (wie diese) hatten einen zentralen Behälter, in den man ein erhitztes Stück Eisen oder glühende Kohle gab.

Solche Wärme-Saucieren wurden auch aus Porzellan hergestellt, schon im Wedgwood-Katalog ist ein Exemplar von 1774 zu finden. Über die Grenzen Englands hinaus haben sie sich kaum verbreitet.

# Schüsseln, Schalen, Servierplatten & Teller

## Servierkörbchen

**DATUM** 1772

**PRÄGEORT** London

**HERSTELLER** William Plummer

**ABMESSUNGEN** 33 x 26 cm

William Plummer (Bz. 1755–91) spezialisierte sich auf durchbrochene Körbchen für Gebäck, Zucker und Süßwaren. Er schnitt die filigranen Muster mit Hilfe einer speziellen Säge aus.

Servierkörbchen, oft auch Brot- oder Gebäckkörbchen genannt, wurden schon im 16. Jahrhundert hergestellt. In Mode kamen sie aber erst am Anfang des 18. Jahrhunderts. Der Boden der Körbe ist generell geschlossen, damit keine Krümel hindurchfallen. Zur Zeit Queen Annes waren sie in der Regel rund oder oval, die Seiten wölbten sich weit nach außen und waren durchbrochen wie feine Spitze. Ränder und Griff waren meist ebenfalls aufwendig verziert.

Zwischen 1760 und 1770 wurden gern Streifenmuster wie in unserem Beispiel gefertigt. Auch der Boden stand auf einem durchbrochenen Rand. Solche Körbe wurden bis zum frühen 19. Jahrhundert hergestellt, danach kommen sie nur selten vor.

## Tischkorb

**DATUM** 1787

**PRÄGEORT** London

**HERSTELLER** unbekannt

**ABMESSUNGEN** 35,5 x 25 cm

Dieses Servierkörbchen ist mit den Initialen *IH* signiert. Um 1780 wurden die Körbe flacher, ausladender und ovaler. Als Fuß dient ein eingezogener Ring mit strengen geometrischen Durchbrüchen. Der bewegliche Griff trägt ein Streifenmuster und eine separate Prägung.

Zu dieser Zeit waren sowohl der Silberpreis wie auch die darauf erhobene Steuer hoch, darum bemühten sich die Silberschmiede, Modelle mit geringem Materialverbrauch herzustellen.

Der Griff solcher Servierkörbchen sollte mit einem aufrechten Löwen markiert sein, allerdings tragen nicht alle Exemplare diese Prägung. Gelegentlich wurden Einlagen für Suppenterrinen zu Körben umgearbeitet, dabei ging die Markierung oft verloren.

## SERVIERKORB

**DATUM** 1838

**PRÄGEORT** London

**HERSTELLER** Edward Barnard & Sons

**DURCHMESSER** 33 cm

Zwischen 1820 und 1830 kamen die üppig verzierten Körbchen des Rokoko wieder in Mode. Dieses ist mit Blütenmotiven dekoriert und hat einen gewellten Rand. Der eingezogene Fuß ist relativ schlicht gehalten.

Die Werkstatt Barnards geht zurück auf Anthony Nelme, der im 17. Jahrhundert arbeitete. Um 1830 ging sie an Edward Barnard sen. (1767–1855) über, der seine Söhne Edward jr. (1796–1867), John (1797–1879) und William (1801–48) mit in das Geschäft aufnahm. Die Firma nannte sich zuerst Edward Barnard & Sons, später W.J. & W. Barnard. Die Werkstatt hatte ihren Sitz in London, wo sie hauptsächlich Tee- und Kaffeeservices herstellte. Die Silberwaren dieser Werkstatt sind durchgehend von guter Qualität. Als Dekoration wurden häufig naturalistische Blütenmotive verwendet und mit Cheruben und Blattwerk kombiniert.

## VORLEGEPLATTE

**DATUM** 1824

**PRÄGEORT** London

**HERSTELLER** William Eley Jr.

**ABMESSUNGEN** 44 x 57 cm

Diese schwere Metallplatte (3,68 kg!) ist mit einem Rand aus Godronen und Muscheln verziert.

Vor ca. 1830 dekorierte man Servierplatten auf dem breiten inneren Rand oberhalb des Falzes. Später brachte man diese Verzierungen im gleichen Bereich, jedoch auf der Unterseite des Randes an. 1795 ließ Eley das Monogramm *WE* in einem Oval registrieren, 1825 fiel das Oval weg.

## SAUCIEREN

**DATUM** 1742

**PRÄGEORT** London

**HERSTELLER** John Cafe

**HÖHE** 11,5 cm

**LÄNGE** 20,5 cm

Zu den Neuerungen des frühen 18. Jahrhunderts gehörten die Saucieren. Die frühesten bekannten Exemplare stammen von 1717, sie sind oval mit einem leicht gewellten Rand, zwei Griffen und einem Ausguß. Um 1720 ging man zu Saucieren mit nur einem Griff über. Meist wurden sie paarweise gefertigt, die Dekorationen waren eher schlicht. In den 1740er Jahren sind Verzierungen hauptsächlich auf die Füße und den Griff beschränkt geblieben.

Diese Georg-III-Saucieren sind schwer (je 0,79 kg). Sie haben einen geschwungenen Griff mit einem Blattmotiv sowie muschelförmige Füßchen.

John Cafe (Bz. 1740–57) ist vor allem bekannt als Hersteller von Kerzenhaltern und Kandelabern. 1742 zeichnete er mit *I.C.* in einem Oval. Sein Bruder William (Bz. 1757–ca.75) übernahm 1757 die Werkstatt, sein Monogramm war *WC* unter einer Rosette und über einem Dreiblatt.

## SAUCENTERRINEN

**DATUM** 1807

**PRÄGEORT** London

**HERSTELLER** Robert u. Samuel Hennell

**HÖHE** 15 cm

**LÄNGE** 22 cm

Kleine Terrinen waren ebenfalls zum Servieren von Saucen gedacht. Sie kamen um 1760 in Gebrauch. Oft wurden sie passend zu größeren Suppenterrinen gestaltet, grundsätzlich hatten sie einen Deckel. Häufig – allerdings nicht im abgebildeten Beispiel – hatte dieser Deckel eine Ausnehmung, in die der Griff des Löffels paßte. Nach 1830 wurden nur noch wenige Saucenterrinen aus Silber hergestellt. Porzellan wurde erschwinglicher und löste das Silber in der Tischkultur zunehmend ab.

Robert Hennell (1741–1811) war einer der Vorreiter des englischen Neoklassizismus im späten 18. Jahrhundert. Seine Arbeiten, die er

mit klassischen Motiven verzierte, sind typisch für diese Periode. Sein Vater David (1712–85) eröffnete die Werkstatt, seine Söhne David jr. (1767–ca.1829) und Samuel (1778–1837) waren zeitweise seine Teilhaber.
David sen.'s Urenkel Robert (1826–91) und James Barclay (1828–99) führten das Familiengeschäft weiter, bis James Barclay es 1887 aus Altersgründen an Holland, Aldwinckle & Slater verkaufte.

1802 ließen Robert und Samuel Hennell das Monogramm *R·H* über *S·H* in einem Rechteck registrieren.

# SUPPENTERRINE

**DATUM** 1798

**PRÄGEORT** London

**HERSTELLER** Paul Storr

**HÖHE** 33 cm

**BREITE** 40 cm
(mit Griffen)

**TIEFE** 29 cm

**In diese elegante Terrine ist das Wappen der Familie Buller eingraviert. Das Familienmotto lautete: „Der Adler fängt keine Fliegen.“ Paul Storr (1771–1844) war der wichtigste englische Silberschmied des Regency, von manchen Kennern wird er sogar als bedeutendster Silberschmied des 19. Jahrhunderts angesehen. 1785 ging Storr zu dem in Schweden geborenen Silberschmied Andrew Fogelberg (ca. 1732–1815) in die Lehre. Fogelberg war einer der bedeutendsten Vertreter des englischen Neoklassizismus. Sein erstes Zeichen ließ Storr 1792 registrieren, damals arbeitete er mit William Frisbee (oder Frisby) zusammen. Die Partnerschaft dauerte nicht lange, und Storr schloß sich danach der Werkstatt Rundell & Bridge in Ludgate Hill an. Die Firma Rundell & Bridge war 1722 von Philipp Rundell und William Picket gegründet worden. 1785 zahlte Rundell Picket aus und etablierte eine Partnerschaft mit John Bridge. Angestellte dieser Werkstatt waren beispielsweise Digby Scott (Bz. 1802–7) und Benjamin Smith (1764–1823). Zwischen 1803 und 1819 war Paul Storr hauptsächlich mit Aufträgen des Königshauses beschäftigt – als Handwerker wie auch als Designer. Manche seiner Entwürfe wurden von John Flaxman (1755–1826) gefertigt. Storrs Arbeit ist beispielhaft für das Regency. Die Dekorationen sind klassisch, sie erinnern ans antike Rom. Aber auch ägyptische Anklänge, als Folge von Napoleons Vorstoß und Nelsons Schlacht auf dem Nil (1798), sind zu finden. 1820 verließ Storr Rundell & Bridge und schloß sich mit John Mortimer zur Firma Storr & Mortimer zusammen. Ihr gemeinsames Monogramm wurde 1821 registriert. 1839 zog sich Storr aus der aktiven Arbeit zurück, er starb fünf Jahre später in ärmlichen Verhältnissen.**

## WEINKÜHLER

**DATUM** 1705

**PRÄGEORT** London

**HERSTELLER** Antony Nelme

**DURCHMESSER** 33.5 cm

Diese Weinkühler ähneln Punsch-Kübeln, sie waren meist rund oder oval. Sie wurden mit Eiswasser gefüllt, in die Ausnehmungen im Rand konnten sechs bis acht Gläser eingehängt werden. Die ersten Weinkühler tauchen in den 1680er Jahren auf. Um 1690 wurden sie mit abnehmbarem Rand gefertigt, so daß sie auch als Punschkübel verwendet werden konnten.
Dieser Kühler steht auf einem gerundeten, eingezogenen Fuß. Er ist mit zwei Reliefkartuschen dekoriert, in die ein Wappen und ein Helmschmuck eingraviert sind. Die ringförmigen Griffe werden von Masken gehalten. Der nach außen gewölbte Rand ist abnehmbar, er ist mit gegossenen Ornamenten verziert.

Anthony Nelme (Bz. 1650–1723) war einer der größten englischen Silberschmiede. Seine Arbeiten reichen von schlichten Bechern bis zu aufwändigen Ausstellungsstücken, besonders berühmt sind seine Suppenterrinen. Sein Sohn Francis (Bz. 1719–39) übernahm die Werkstatt im Jahre 1723.

## WEINKÜHLER

**DATUM** 1708

**PRÄGEORT** Dublin

**HERSTELLER** Joseph Walker

**DURCHMESSER** 34 cm

Dieser irische Weinkühler hat einen abnehmbaren Rand mit auffälligen Muschelmotiven. Löwenköpfe halten die ringförmigen Griffe.

Frühe Weinkühler hatten oft keine Griffe, gelegentlich wurden sie später hinzugefügt. Weinkühler aus Gold sind sehr selten, im 18. Jahrhundert wurden Kühler aber auch aus Porzellan oder Keramik hergestellt. Einige Exemplare aus Glas sind ebenfalls erhalten. Bis 1790 wurden Kühler aus Silber hergestellt, einige von ihnen bestanden auch aus plattiertem Material. Ihren englischen Namen „Moneith" tragen sie angeblich nach einem schottischen Edelmann, der Umhänge mit Bogenkanten bevorzugte. 1701 wurde Joseph Walkers Zeichen, ein *JW* auf einem Schild, registriert.

## Servierplatte mit Fuss

**DATUM** 1768

**PRÄGEORT** Dublin

**HERSTELLER** William Bond

**DURCHMESSER** 28 cm

Eine weitere Neuerung um die Mitte des 17. Jahrhunderts waren Serviertabletts mit einem Fuß. Thomas Blound beschrieb sie 1661 als „neumodisches Stück geschmiedeten Silbers, breit und flach, mit einem Fuß darunter ... gebraucht zum Reichen von Bier und anderen Getränken, um den Teppich (d.h. Tischdecke) zu schützen". Vor der Zeit Georgs I (1714–27) sind jedoch nur wenige Exemplare zu finden.

Meist sind diese Platten schlicht bis auf eine zentrale Wappengravur. Nur gelegentlich findet man Stücke mit aufwendigeren Dekorationen, z.B. Blatt- und Blütenmotive. Sie haben grundsätzlich einen einzelnen Mittelfuß (der teilweise abgeschraubt werden kann). Seltener sind Exemplare mit drei oder vier kleinen gerollten Füßen. Servierplatten sollten, wie Tabletts, einen kompletten Prägesatz tragen, meist in gerader Linie auf der Ober- oder Unterseite. William Bond verwendete 1792 ein kursives *W·B* in einem Rechteck.

## Tablett

**DATUM** 1865

**PRÄGEORT** London

**HERSTELLER** Edward Barnard & Sons

**HÖHE** 51 cm (inklusive Griff)

**BREITE** 62 cm (ohne Griff)

Tabletts wurden zuerst im späten 18. Jahrhundert hergestellt. Vor dieser Zeit waren schlichtere Servierplatten üblich, die vermutlich dem gleichen Zweck dienten. Der Begriff „Tablett" bezeichnet Platten ohne Fuß mit zwei Tragegriffen.

Dieses Tablett wurde meist von Hand graviert, eine Inschrift wurde später angebracht (1900). Um 1860 kam der Stil des ausgehenden 18. Jahrhunderts wieder in Mode, wenngleich die Perlenränder oft markanter waren als bei diesem Exemplar. Tabletts wurden häufg passend zu Teeservices hergestellt, sie mußten aus diesem Grunde groß genug sein, um alle Teile eines kompletten Service zu fassen.

Im Jahre 1865 wurde die Firma Edward Barnard & Sons durch die Brüder Edward (1826–76) und Walter (1833–1922) sowie den Cousin John (1835–1915) vertreten (Siehe S. 22 und 35).

## Etagere

**DATUM** 1862

**PRÄGEORT** London

**HERSTELLER** Robert Garrard für R.&S. Garrard & Co.

**HÖHE** 43 cm

Diese Etagere gehört zu einem Satz von drei Stücken, die für den königlichen Palast in Alexandria (Ägypten) hergestellt wurden. Das Unterteil besteht aus drei durchbrochenen Tellerhaltern zwischen massiven, blattartigen Ornamenten. Drei kleinere Halter liegen darüber. Die Mittelsäule hat die Form eines gedrehten Balusters und ist mit Blättern und Beeren verziert. Den Abschluß bildet ein kompakter Knauf aus Blüten auf einer Basis aus Blättern.

Die Werkstatt R.& S. Garrard & Co. wurde 1722 von Georg Wickes 1698–1761) gegründet, der 1747 eine Partnerschaft mit Edward Wakelin (Bz. 1748–84) einging. Die Firma hatte mit verschiedenen Partnern unter unterschiedlichen Namen gearbeitet – Craig & Wickes, George Wickes, Wickes & Netherton, Parker & Wakelin, Wakelin & Taylor und Wakelin & Garrard bis 1802 Robert Garrard sen. (1758–1818) eintrat und die Firma seinen Namen annahm. Beim Tod des Vaters übernahmen Robert jr (1793–1881) und die Brüder Sebastian und John das Geschäft. James Garrard zog sich ca. 1835 zurück, danach hieß die Firma R.& S. Garrard, ab 1843 R.& S. Garrard & Co.

## Etagere

**DATUM** 1876

**PRÄGEORT** London

**HERSTELLER** Stephen Smith

**HÖHE** 63.5 cm

**DURCHMESSER** (Bodenplatte) 45.5 cm

Solche Etageren bestanden ursprünglich aus einer zentralen Schale mit vier oder sechs kleineren Schälchen. Sie dienten zum Servieren von Obst oder Süßigkeiten. Anfang des 19. Jahrhunderts begann man, Kristall mit Silber zu kombinieren. Diese viktorianische Etagere steht auf einem verspiegelten Sockel, in den drei kleine Blumenvasen integriert sind.

Spiegelsockel dienten dazu, den Glanz des Silbers und des Kristalls zu verstärken. Große Exemplare hatten die Länge eines Tisches, sie wurden in Teilen gefertigt und nach Bedarf zusammengestellt. Meist bestanden sie aber aus einem runden Spiegel in einem Rahmen aus Silber.

Stephen (oder Steven) Smith (Bz. 1850–86) arbeitete in London und stellte unter anderem Weinkrüge her, die noch heute zu finden sind. 1865 ließ er das Zeichen S.S in einem Oval registrieren, ab 1878 führte er das Monogramm *S·S.*, ebenfalls in einem Oval.

# ETAGERE

**DATUM** 1911

**PRÄGEORT** Birmingham

**HERSTELLER** A. Edward Jones

**HÖHE** 16,5 cm

**DURCHMESSER** 20 cm

**A. Edward Jones war der Sohn eines Schmiedes. Er integrierte seine Silberschmiedewerkstatt in das Geschäft der Familie. Von 1902 an stellte die Firma zahlreiche Stücke her, die dem Stil der „Birmingham Guild of Handicraft" ähnelten. Möglicherweise stammen einige Entwürfe von Gildemitgliedern wie Arthur Gaskin (1862–1928) und dessen Frau Georgina Cave France (1868–1934). Viele Arbeiten Edward Jones′ sind mit Türkisen besetzt, teilweise fertigte er auch silberne Fassungen für Stücke aus der Ruskin-Töpferei seines Freundes William Howson Taylor.**

**Die Guild of Handicraft wurde 1888 von Charles Robert Ashbee (1863–1942) gegründet. Er betrachtete die Silberschmiedekunst als das „von allen englischen Handwerken am geringsten geschätzte" und wollte diese Situation ändern. Obwohl die Gilde alle Gewerke fördern sollte, erhielten die Arbeiten der Gold- und Silberschmiede und Juweliere die größte Beachtung. 1902 verlegte Ashbee den Sitz der Gilde vom Londoner East End nach Gloucestershire. 1908 löste sich die Gilde auf. Das Monogramm der Gilde wurde 1900 registriert, es bestand aus den Buchstaben G of H Ltd, wobei das „of" in der Wölbung des „G" stand. Umgeben war das Zeichen von einem Rechteck mit gebrochenen Ecken.**

**Die Birmingham Guild of Handicraft wurde ca. 1890 von Arthur Stansfield Dixon und Mitgliedern eines von ihm geleiteten Abendkurses gegründet. Die Gruppe stellte recht viele Silberwaren her und gab auch eine eigene Zeitschrift heraus, The Quest. 1895 wurde die Gruppe in eine GmbH (Ltd.) umgewandelt und zog aus den ursprünglichen Räumen in Kyrle Hall in eine Werkstatt in der Great Charles Street, Birmingham. Der Stil dieser Gruppe, die neben Tafelsilber auch Kirchensilber herstellte, ist schlicht und nur selten mit Ornamenten verziert. Dixon war mit William Morris befreundet. So konnten die Arbeiten der Gilde bei Morris & Co. in London verkauft werden.**

## SCHALE

**DATUM** 1892

**PRÄGEORT** London

**HERSTELLER** John Newton Mappin

**DURCHMESSER** 30 cm

Diese Obstschale aus vergoldetem Silber ist mit Muschel- und Rankenmotiven verziert. Sie zeigt deutlich den Einfluß des Rokoko, wenngleich der dazugehörige Löffel ägyptische Motive trägt.

Die alteingesessene Londoner Firma war ca. 1774 von Jonathan Mappin (Bz. 1774–97) gegründet worden. Das Geschäft florierte, bis 1849 wurden mehrere Filialen eröffnet. Geschäftsführer der Firma, die sich nun Mappin Brothers nannte, war der Urenkel des Gründers. John Newton Mappin (gest.1913) betrieb nach Auseinandersetzungen mit seinen Brüdern eine eigene Werkstatt. 1859 schloß er sich mit seinem Schwager Georg Webb unter dem Namen Mappin & Webb zusammen. Auch nach Webbs Tod (ca. 1880) blieb der Name bestehen, bis die Firma 1989 in eine GmbH umgewandelt wurde. 1903 kaufte Mappin & Webb das Geschäft. Das Monogramm von Mappin & Webb war *MN WB* über einem *&*, 1889 schildförmig, ab 1898 in einem Rechteck.

## SERVIERTELLER

**DATUM** 1899

**PRÄGEORT** London

**HERSTELLER** Gilbert Leigh Marks

**DURCHMESSER** 23 cm

Gilbert Leigh Marks (1861–1905) war einer der ersten Silberschmiede der Arts & Crafts-Bewegung in England. Von 1878 bis 1885 arbeitete er für die Silberschmiede Johnson, Walder & Tolhurst, anschließend für Masurel & Fils in London. 1888 eröffnete er seine eigene Werkstatt, in der er neben Silber auch Zinn verarbeitete. Obwohl er ausschließlich Handarbeit herstellte, wirkten seine Stücke absolut perfekt. Gelegentlich fällt es schwer, sie dem Stil der Arts & Crafts-Bewegung zuzuordnen.

Dieser Servierteller aus massivem Silber ist typisch für die Arbeiten Marks´. Der Rand ist mit akkurat gearbeiteten Ranken verziert. Teilweise erinnert die Akkuratesse an die realistischen Arbeiten industrieller Silberschmiede und weniger an die kreativ-fantasievollen Arbeiten der Guild of Handicraft. Im Jahre 1896 ließ sich Marks mit den kursiven Buchstaben *GM* in einem Rechteck mit abgeflachten Ecken eintragen.

## SCHALEN

**DATUM** 1923

**PRÄGEORT** Birmingham

**HERSTELLER** Hukin & Heath

**DURCHMESSER** (der großen Schale) 30 cm

In den 20er und 30er Jahren unseres Jahrhunderts waren Silber und Elfenbein eine beliebte Kombination – die Griffe dieser Schalen legen davon Zeugnis ab.

Die Firma Hukin & Heath wurde ca. 1855 von Jonathan Wilson Hukin und John Thomas Heath gegründet und im Prägeamt von Birmingham im November 1875 registriert. Die Firma führte viele Entwürfe von Christopher Dresser aus, die er nach seiner Japanreise 1877 produzierte. Dresser wurde 1879 leitender Designer des Unternehmens. Eine Spezialität der Firma war die Fassung von Gegenständen aus Glas. 1953 wurde das Geschäft geschlossen.

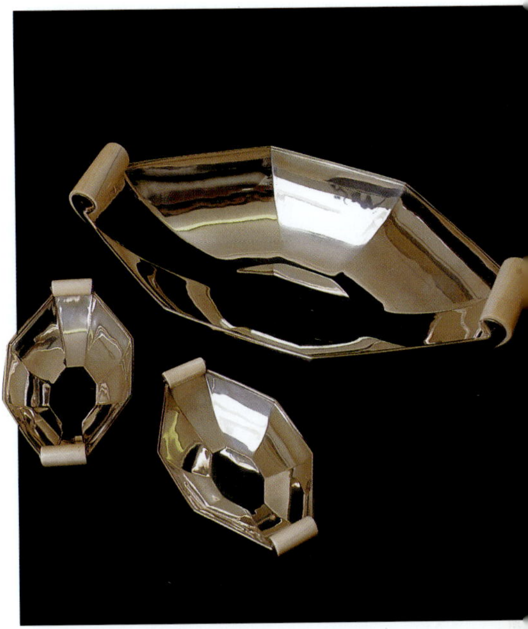

## SCHALE

**DATUM** 1933

**PRÄGEORT** London

**HERSTELLER** Georg Jensen

**DURCHMESSER** 16,5 cm

**HÖHE** 6,5 cm

Der berühmteste skandinavische Silberschmied Georg Arthur Jensen (1866–1935) wurde in Raadvad bei Kopenhagen geboren. Er arbeitete zunächst als Goldschmied und wandte sich erst später dem Silber zu. 1887 bis 1892 studierte er an der Kopenhagener Akademie Architektur, wo er von C.C.Peters (1822–99) und dessen klassizistischen Metall- und Keramikarbeiten beeinflußt wurde. Nach 1895 entwarf Jensen Keramiken, die u.a. auf der Weltausstellung 1900 in Paris gezeigt wurden. Er unternahm Reisen nach Italien und Frankreich. 1904 eröffnete er sein erstes Geschäft, bald folgten Niederlassungen in Paris, London und New York.

Jensens Entwürfe waren meist schlicht, gedrungen in der Form und außer Details an den Füßen oder Knäufen mit wenig Dekoration versehen. Von 1907 an arbeitete er eng mit dem Maler John Rohde (1856–1935) zusammen, aber er beschäftigte auch andere Künstler wie Henning Keppel, Arno Malinowski, Harald Nielsen und in den 30er Jahren Sigvard Bernadotte, den schwedischen Königssohn. Zu den Arbeiten der Werkstatt gehören Tee- und Kaffeeservices, Kerzenhalter, Cocktailshaker, Terrinen sowie Zigarrenetuis.

# BESTECKE, MENAGEN UND STREUER

## MARKSCHABER

**DATUM** 1799

**PRÄGEORT** London

**HERSTELLER** William Eley und William Fearn

**LÄNGE** 15 cm

Solche langen, schmalen Bestecke wurden benutzt, um Mark aus Rinderknochen zu schaben. Bei diesen Stücken ist nur ein Ende ausgeformt, es gibt aber auch Exemplare, die an beiden Seiten Schaber in unterschiedlichen Größen haben. Sie lösten die Marklöffel ab, spezielle Löffel, deren Stiel zu einem Schaber umgeformt war. Marklöffel waren zwischen ca. 1700 und 1900 sehr beliebt, besonders im 18. Jahrhundert wurden sie in großer Zahl hergestellt.

## APOSTEL-LÖFFEL

**DATUM** ca.1630

**PRÄGEORT** Norwich

**HERSTELLER** unbekannt

**LÄNGE** 18,5cm

Im Mittelalter und im 16. Jahrhundert waren Löffel, deren Griff als Apostelgestalt geformt ist, sehr beliebt. Komplette 13teilige Sätze sind sehr selten. Bei den in London hergestellten Löffeln ist der Apostel meist mit einer V-förmigen Verbindung an den achteckigen Stiel angelötet. Bei anderer Herkunft ist die Verlötung oft überlappend gearbeitet und auf der Rückseite sichtbar. Die Stadtmarke ist meist auf der Laffe nahe am Stiel angebracht, der Meisterstempel (sofern vorhanden) und der Jahresbuchstabe wurden in den Stiel geprägt. In der Regel trägt der Apostel ein Erkennungszeichen, St. Andreas etwa ein Schrägkreuz, St. Peter einen Schlüssel. Als oberer Abschluß diente häufig ein Rad oder eine gegossene Taube.

Der abgebildete Löffel ist ein seltenes Exemplar provinzieller Herkunft. Norwich gehört zu einer von sieben Städten (neben York, Newcastle, Lincoln, Bristol, Salisbury und Coventry), die ab 1423 eine eigene Stadtmarke führen durften. Hier ist es das Stadtwappen: ein Schloß über einem Löwen.

## TEELÖFFEL

**DATUM** 1858

**PRÄGEORT** Birmingham

**HERSTELLER** George Richard Unite

**HÖHE** 11 cm

Dieser Löffel aus Birmingham hat einen durchbrochenen Stiel mit Traubenornamenten und eine vergoldete Laffe. Der Handel mit kleinen Silberwaren florierte in Birmingham. Dort wurden auch Teedosen mit zwei Abteilen entwickelt, in denen auch die Löffel aufbewahrt wurden.

George Richard Unite machte 1810 seine Ausbildung bei dem Birminghamer Silberschmied Joseph Willmore. 1852 wurde er als Silberschmied in London registriert. Damals arbeitete er unter der gleichen Adresse wie Willmore und Nathaniel Mills & Sons. 1854 zog er in die Caroline Street in Birmingham. Er nannte sich George Unite und benutzte das Monogramm *GU* in einem achteckigen Rahmen. Sieben Jahre später ließ er das Zeichen beim Prägeamt Sheffield registrieren.

Unite fertigte zahlreiche verschiedene Stücke wie z.B. Bestecke, Serviettenringe, Becher, Zigarren- und Zigarettenetuis und Schnupftabakdosen.

## ZUCKERBESTECK

**DATUM** 1862

**PRÄGEORT** London

**HERSTELLER** Francis Higgins & Sons

**HÖHE** 16,5 cm

Um 1750 hatte es sich eingebürgert, Tee mit Zucker zu trinken. Dieser Streulöffel mit passender Zange aus vergoldetem Silber zeugt von dieser Gewohnheit.

Die Form der frühesten Zuckerzangen war von den Küchenwerkzeugen abgeleitet, mit denen man größere Zuckerklumpen zurechtschnitt. 10 cm lange, scherenförmige Zangen kamen etwa 1720 auf und wurden bis 1760 häufig hergestellt. Dann aber setzte sich die Pinzettenform durch. Zuerst wurden die Zangen getrieben und ziseliert. Später hatten sie schlichte oder geformte Seiten mit löffelförmigen Greifern. Die Außenseiten waren häufig mit Muschelmotiven dekoriert. Als mit den viktorianischen Teeservices große Zuckerdosen in Mode kamen, wurden auch die Zuckerzangen länger.
Oft wurden sie passend zu den Mustern der übrigen Bestecke oder des Teeservice dekoriert.

Francis Higgins & Sons gehören zu den bekanntesten Besteckherstellern des 19. Jahrhunderts.
Die Firma wurde 1782 von James Higgins gegründet und stellte bis 1940 Tafelsilber her.

## BESTECK

**DATUM** 1813

**PRÄGEORT** London

**HERSTELLER** William Chawner

**LÄNGE** (Eßlöffel) 22 cm

Tafel- und Dessertbestecke wurden erst im frühen 18. Jahrhundert in ganzen Sätzen hergestellt. Die Form dieser Bestecke, deren verbreiterter Griff an eine Violine erinnern soll, war in Frankreich im 17. Jahrhundert entwickelt worden. Bis Mitte des 18. Jahrhunderts war es in ganz Europa in vielen Variationen nachgearbeitet worden. Nach England kam das Muster ca. 1800, die hier abgebildeten Stücke sind frühe Exemplare. Auch im 19. Jahrhundert blieb der schlichte Stil diese Form populär, sie fand auch in Amerika Anhänger. Teilweise wurden die verbreiterten Stielenden dekoriert, die Ornamente reichten von schlichten, geometrischen Konturlinien bis zu üppigen Rokoko-Blüten.

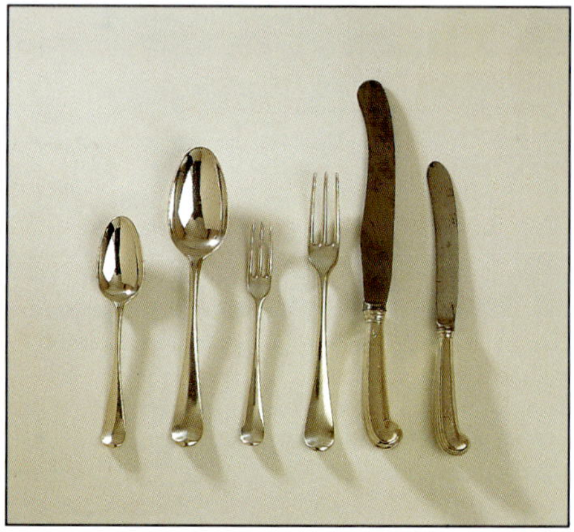

William Chawner (†1834) war ein Löffelmacher, er ging 1797 in die Lehre und wurde 1804 freigesprochen. Er ließ sieben Monogramme registrieren, die jeweils aus einem *WC* oder *W·C* in einem Rechteck bestanden. Nach seinem Tod führte seine Witwe Mary das Geschäft mit ihrem Schwiegersohn George William Adams (1808–95) weiter.

## BESTECK

**DATUM** ca. 1720

**PRÄGEORT** London

**HERSTELLER** unbekannt

**LÄNGE** (Messer) 27 cm

Die schlichten, spatenförmigen Griffenden dieses Bestecks wurden als Hannoveraner Muster bekannt. Es kam ca. 1710 in Mode, verlor aber in den 1780er Jahren wieder an Beliebtheit.

Besteck aus dem 18. Jahrhundert ist in recht großer Zahl erhalten, ältere Exemplare sind hingegen viel seltener. Nach der Wiedereinführung der Monarchie im Jahre 1660 wurden in England viele Bestecke nach französischen Vorbildern gearbeitet. Gabeln setzten sich durch, die zeitgenössische Form hatte statt der schlanken Griffe mit Knauf eine abgeflachte Form. Bis ca. 1770 hatten sie meist nur drei Zinken. Auf den abgeflachten Griffen ließen sich gut Verzierungen und Gravuren anbringen. Solche einfachen Bestecke waren zu jener Zeit relativ

preiswert, weil jedes Stück aus einem einzelnen, vorgefertigten Stück Silber gearbeitet werden konnte. Bestecke wurden in Sätzen gefertigt, allerdings sind heute nur wenige komplett erhalten. In viele Bestecke wurden die Monogramme der ersten Besitzer graviert, so ist es einfach festzustellen, welche Teile zu einem Satz gehören.

# Besteck

DATUM ca.1885

PRÄGEORT New York

HERSTELLER Tiffany & Co.

LÄNGE (Eßlöffel) 22 cm

In Amerika wurden Bestecke erst um 1780 in ganzen Sätzen hergestellt. Im frühen 19. Jahrhundert kopierten englische Silberschmiede die französische Stundenglas-Form, aber dieser Typ konnte sich nicht durchsetzen. Um 1815 entwickelte sich daraus jedoch das King´s Pattern (siehe Abbildung), das sehr aufwendig gearbeitet ist. Der tropfenförmige Griff hat abgerundete Kanten mit einer Kontur im Fadenmuster. Ins verbreiterte Griffende ist ein Muschelmotiv eingearbeitet, darunter zwei Anthemion-Motive.

Die Firma Tiffany & Co., Silberschmiedewerkstatt und Handel, wurde von Charles Louis Tiffany (1812–1902) in New York gegründet. Von 1837 bis 1848 war John B. Young Tiffanys Partner, sie firmierten unter Tiffany & Young. 1841 kam J.L. Ellis dazu und das Geschäft nannte sich Tiffany, Young & Ellis. Zehn Jahre später schloß Tiffany einen Vertrag mit John C. Moore, in dem er sich die Alleinvertriebsrechte für Moores Produkte sicherte. 1853 kontrollierte Tiffany das Unternehmen, 1868 übernahm er auch Moores Firma. Nun war das Geschäft mit der Firmenbezeichnung Tiffany & Co. Amerikas größtes Silberherstellungs- und Vertriebsunternehmen.

Tiffany & Co. produzierte hochwertiges Silber im japanischen, indischen und Mooreschen Stil, ab etwa 1880 auch im Jugendstil. Neben Tafelsilber stellte das Unternehmen auch Dekorationsstücke her. Unter der Leitung von Louis Comfort Tiffany (1848-1933) wurde das Haus zu einem der Vorreiter des Jugendstils in Amerika. Zur bisherigen Produktpalette kam nun auch die Herstellung ausgefallener, künstlerischer Schmuckstücke.

## MENAGE

**DATUM** 1767

**PRÄGEORT** London

**HERSTELLER** Charles Aldridge und Henry Greenaway

**HÖHE** 18 cm

**DURCHMESSER** 15 cm

Kleine Halter für Essig- und Ölfläschchen wurden zuerst um 1720 hergestellt. Die ersten Menagen boten Platz für zwei Flaschen und drei Streuer. Weit üblicher als kleine Menagen mit Abteilen für zwei Flaschen waren im späten 18. Jahrhundert Exemplare mit acht oder zehn Abteilen. Das hier abgebildete Stück hat muschelförmige Füße und einen mittig angebrachten muschelförmigen Griff.

Charles Aldridge und Henry Greenaway führten ein gemeinsames Zeichen, ein *C·A* zwischen einem *H* und einem *G* in einem abgerundeten Kreuz.

## MENAGE

**DATUM** 1783

**PRÄGEORT** London

**HERSTELLER** William Sumner

**HÖHE** 25 cm

**LÄNGE** 23 cm

Glasgefäße für allerlei Gewürze waren um 1780 beliebt. Menagen wie diese aus der Zeit Georgs III hatten meist einen zentralen Griff, der nach oben über die Flaschen hinausstand. Die acht Kristallflaschen stehen auf einem hochrandigen Tablett, in das Festons und Medaillons graviert sind. Ovale Menagen, oft auf Füßchen oder mit Durchbruchmustern, blieben bis zum Ende des Jahrhunderts populär.

## MENAGE

**DATUM** ca.1880

**PRÄGEORT** unbekannt (wahrscheinlich Deutschland)

**HERSTELLER** Berthold Herrmann Müller

**HÖHE** 12,5 cm

Diese Streuer für Salz und Pfeffer erinnern an deutsche Porzellanstreuer aus dem 19. Jahrhundert. Die Silberschmiede arbeiteten eng mit der Porzellanindustrie zusammen und verwendeten teilweise die gleichen Gußformen.

Diese Stücke sind 1910 in Chester überprägt worden. Die Zollbestimmungen von 1842 schrieben dies Verfahren für importierte Gold- und Silberwaren vor. Ab 1867 wurde zusätzlich zu den britischen Stempeln ein „F" in einem Oval geprägt, um auf den ausländischen Ursprung hinzuweisen. Ausgenommen von dieser Regelung waren nur Stücke, die vor 1800 hergestellt worden waren. 1939 wurde die Ausnahme ausgedehnt auf alle Stücke, die mehr als 100 Jahre alt sind. Seit 1883 muß importiertes Silber unmittelbar nach der Einfuhr im nächsterreichbaren Prägeamt (meist Chester oder London) gestempelt werden. Seit 1904 wird der Feingehalt in einem quer liegenden Oval eingeprägt (.925 für Sterling, .9584 für Britannia), dazu kommt ein Jahresbuchstabe und die Kennung des Amtes.

Berthold Hermann Müller importierte zahlreiche deutsche Silberstücke nach England. 1897 verwendete er das Monogramm *BM* in einem rechteckigen Rahmen, ab 1912 dann *BHM*.

## MENAGE

**DATUM** ca.1870

**PRÄGEORT** Paris

**HERSTELLER** unbekannt

**HÖHE** 28 cm

**BREITE** 30 cm

Die Griffe dieser französischen Essig- und Ölflaschen bestehen aus Glas. Englische Flaschen hatten meist einen Griff aus Silber, auch der Flaschenhals war meist gefaßt. Die Menage selbst ist üppig mit Blättern und Trauben verziert, der Griff hat die Form eines Rebstocks. Das Silber hat einen Feingehalt von 925/1000.

## SALZSCHALE

**DATUM** 1806

**PRÄGEORT** London

**HERSTELLER** Elizabeth Morley

**HÖHE** 5 cm

**LÄNGE** 12,5 cm

Um 1800 kamen zusammenpassende Salzschalen, Saucieren und Terrinen in Mode.

Diese elegant geschwungene Schale ist eine von einem Paar. Sie ist sehr schlicht, nur der Rand und der Fuß sind mit einem feinen Bandmuster verziert. Silber oxidiert leicht, wenn es mit Salz in Kontakt gerät. Darum wurden Salzschalen in der Regel von innen versilbert oder mit blauen Glasschalen ausgelegt.

Die Form dieser Schale war auch für Terrinen beliebt, dann kam allerdings ein Deckel hinzu.

## SENFTOPF

**DATUM** 1857

**PRÄGEORT** Sheffield

**HERSTELLER** Henry Wilkinson & Co.

**HÖHE** 7,5 cm

**DURCHMESSER** 10 cm

Bis Ende des 18. Jahrhunderts wurde Senf noch als Pulver in Streuern serviert und als Gewürz betrachtet. Die meisten Senftöpfe aus Silber hatten einen Einsatz aus Glas, der sich leichter reinigen läßt. So konnte das Silber auch mit Durchbruchmustern dekoriert werden. Senftöpfe ohne Einsatz waren meist auf der Innenseite vergoldet. Das Godronenmuster auf dem Deckel und der Außenwand dieses Senftopfes spiegelt den Stil des ausgehenden 18. Jahrhunderts wider.

Ca. 1830 gründete Henry Wilkinson in Sheffield die Firma Wilkinson & Co. Erst im Jahre 1857 wurde das erste firmeneigene Monogramm registriert. Zu dieser Zeit besaß die Firma bereits ein Geschäft und einen Ausstellungsraum in London. Von 1872 an nannte sich die Firma Henry Wilkinson & Co. Ltd., 1892 wurde sie von Walker & Hall aufgekauft.

## Zuckerstreuer

**DATUM** 1729

**PRÄGEORT** London

**HERSTELLER** unbekannt

**HÖHE** 16,5 cm

Selbst in der Hochblüte des Rokoko blieben solche schlichten, vasenförmigen Zuckerstreuer populär – wahrscheinlich, weil sie genau eine Unze faßten.

Dieses Exemplar im Georg-III-Stil ist typisch für die Streuer der 1720er und 1730er Jahre, als sich die Dekoration hauptsächlich auf die Durchbrüche im oberen Teil beschränkte. Ober- und Unterteil eines Streuers sollten die gleichen Prägestempel tragen. Beim Oberteil sind sie meist auf dem Rand angebracht, der in das Unterteil geschoben wird. Das Unterteil ist häufig unter dem Fuß gestempelt.

## Schüsselkreuz

**DATUM** 1770

**PRÄGEORT** London

**HERSTELLER** Sarah Buttall

**DURCHMESSER** 30 cm

Solche kreuzförmigen Gestelle dienten dazu, eine Schüssel warm zu halten und zugleich die Tischplatte vor Hitze zu schützen. In der Mitte ist ein Rechaud angebracht, die Arme sind drehbar gelagert, und die Stützen auf den Armen lassen sich verschieben, so daß das Kreuz Schüsseln unterschiedlicher Größe halten kann.

Schüsselkreuze waren bis zum Ende des 18. Jahrhunderts beliebt, sowohl auf dem Tisch wie auf der Anrichte. Sie wurden im 19. Jahrhundert von Heißwasserbädern abgelöst. Amerikanische Schüsselkreuze sind sehr selten.

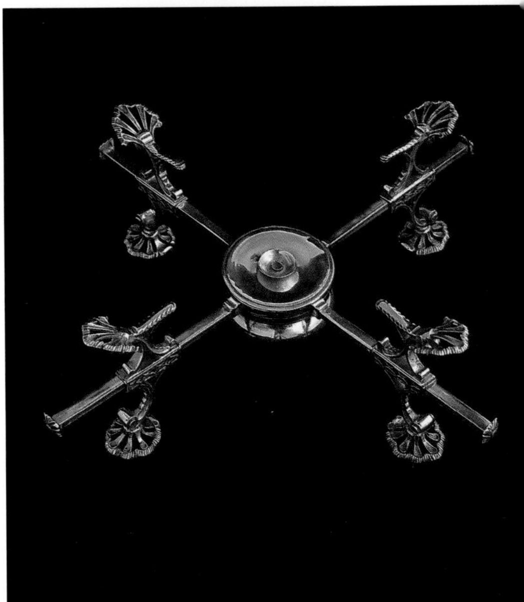

## EIERMENAGE

**DATUM** 1812

**PRÄGEORT** London

**HERSTELLER** Paul Storr

**HÖHE** 22 cm

**BREITE** 24 cm

**TIEFE** 18,5 cm

Solche, wie die hier gezeigt Menage für sechs Eier sind relativ selten zu finden. Die Eierbecher tragen am oberen Rand eine Bordüre aus stilisierten Blüten, ihre Innenseiten sind vergoldet, um das empfindliche Silber vor Flecken von Eigelb zu schützen. Die Eierbecher werden von filigranen Körbchen auf einem Tablett mit einem Rand aus Godronen gehalten.

In den Rahmen von Eier-Menagen, die meist vier bis sechs Eierbecher fassen, wurden oft auch Halterungen für einen Salzstreuer und ausreichend viele Eierlöffel integriert.

Eierbecher und Eierlöffel wurden üblicherweise vergoldet. Im 18. Jahrhundert verwendete man eine Mischung aus Gold und Quecksilber, die erhitzt und über das ebenfalls erhitzte Stück gegossen wurde. Dabei verdampfte das Quecksilber, das Gold blieb als dünne Schicht auf dem Silber zurück. Nachdem Quecksilber als hochgiftig erkannt worden war, wurden elektrolytische Verfahren entwickelt. Rundell, Bridge & Rundell waren Pioniere auf diesem Gebiet.

## EIERKOCHER

**DATUM** ca. 1880

**PRÄGEORT** Sheffield

**HERSTELLER** Mappin Brothers

**HÖHE** 22 cm

Solche Eierkocher waren in der viktorianischen Zeit sehr beliebt. Sie bestanden meist aus plattiertem Silber. Die Behälter waren zylindrisch oder vasenförmig und hatten einen flachen oder kuppelförmigen Deckel. Im Inneren befanden sich herausnehmbare Drahtgestelle, die Platz für vier bis acht Eier boten. Das Gefäß wurde mit kochendem Wasser gefüllt, das Rechaud entzündet und der Kocher auf den Tisch gestellt. Nach sieben Minuten waren die Eier fertig. Der abgebildete Kocher für vier Eier besteht aus plattiertem Silber.

Mappin Brothers wurde von den Urenkeln Jonathan Mappins gegründet, Frederick Thorpe Mappin (1821–1910), Edward Mappin († 1875), Joseph Charles Mappin († 1901) und John Newton Mappin († 1913). Nach Auseinandersetzungen mit den Brüdern verließ John Newton Mappin das Familienunternehmen und gründete die Firma Mappin & Webb. Seine Brüder, die als Mappin Brothers firmierten, ließen ihr Zeichen 1859 im Prägeamt von Sheffield registrieren.

## TOASTSTÄNDER

**DATUM** 1894

**PRÄGEORT** London

**HERSTELLER** Hodd & Sons

**HÖHE** 18 cm

**DURCHMESSER** 28 cm

Toastständer wurden vor Ende des 18. Jahrhunderts nur selten hergestellt, und die ersten Exemplare bestanden aus kaum mehr als einer Reihe senkrechter Stäbe auf einem Drahtring. Später wurden Drahtringe verwendet, um die Brotscheiben zu trennen. Die Ständer waren meist oval oder länglich und hatten kleine Füße sowie einen bügel- oder ringförmigen Griff.

Dieser ungewöhnliche Toastständer in Form einer Gondel zeigt den Einfluß der Arts & Crafts-Bewegung. Wegen seines hohen Preises wurde Silber von den Vertretern der Bewegung zunächst nur selten verwendet. Als aber durch eine erhöhte Silberförderung in Australien und Amerika die Preise fielen, änderte sich dies. 1888 kostete die Unze Silber 3 Schilling 7 Pence, die Unze Gold dagegen £ 4, 4 Schilling. Die stark gesunkenen Preise machten das Silber als Material auch für die Arts & Crafts-Bewegung attraktiv.

## SCHÜSSELRING

**DATUM** 1902

**PRÄGEORT** Dublin

**HERSTELLER** unbekannt

**HÖHE** 23 cm

**DURCHMESSER** 19 cm (oben); 21 cm (unten)

Schüsselringe mit konkaven Seiten wurden in Irland für den gleichen Zweck verwendet wie in England Schüsselkreuze: um heiße Schüsseln von hölzernen Tischplatten fernzuhalten. Schüsselringe wurden in der Mitte des 18. Jahrhunderts hergestellt, anscheinend aber nicht zwischen 1790 und 1890. Diese Reproduktion ist mit relativ grob gearbeiteten ländlichen Szenen verziert.

Gelegentlich werden Schüsselringe fälschlicherweise auch als „Kartoffelringe" bezeichnet.

# Dosen und Büchsen

## Runde Dose

**DATUM** 1677

**PRÄGEORT** London

**HERSTELLER** Unbekannt

**HÖHE** 22 cm

In den Deckel dieser ovalen Charles-II-Dose sind Wappen mit gekreuzten Federn graviert. Ziselierte Medaillons wechseln mit Flöten und Ranken ab. Die Schließe am wellenförmigen Rand greift in eine Ausnehmung. Auf den gedrungenen Seiten der Dose wiederholen sich die Muster des Deckels. Die Dose steht auf vier abgerundeten Füßchen. Der Silberschmied (Markierung *C* über *W*) ist unbekannt.

Solche flach-ovalen Döschen mit einem Klappdeckel und schneckenförmigen Füßen werden oft als Zuckerdosen bezeichnet, obwohl auch Schmuck oder Süßigkeiten darin verwahrt wurden. Wie Gewürzdöschen kamen sie mit Erfindung der Streudosen aus der Mode.

## Ovale Dosen

**DATUM** 1678/79

**PRÄGEORT** Mons

**HERSTELLER** Hubert Horion-Dore

**ABMESSUNGEN** 20 x 12,5 x 7,5 cm

Um 1680 hatte sich die Gutsche als Werkzeug zur Silberbearbeitung in Nordeuropa durchgesetzt. Diese beiden bossierten und ziselierten Dosen aus Belgien zeigen feine Ornamente im naturalistischen Barock, der in Nordeuropa beliebt war, ehe sich das Hochbarock durchsetzte.

Musterbücher wie das „Livre nouveau de fleurs très util pour l'art d'orfèvrerie et autres" (1645) des Pariser Graveurs Nicolas Cochin (1610–86) zeigen naturalistische Graviervorlagen von Blüten, Landschaften und Schlachten. Nach solchen Vorbildern wurden flächige Blatt- und Blütenmotive, oft mit Durchbrüchen, gearbeitet. Zwei Jahrhunderte lang hatte die französische Goldschmiedekunst beherrschenden Einfluß in Europa.

# TEESCHACHTELN UND ZUCKERDOSEN

**DATUM** 1738 | **HERSTELLER** Paul de Lamerie

**PRÄGEORT** London | **HÖHE** 15 cm

**Etwa ab 1738 begann man, Teedosen in zusammengehörigen Sets zu fertigen. Diese beiden Teedosen mit der passenden, etwas größeren Zuckerdose stammen von einem der berühmtesten Londoner Silberschmiede, der zugleich Vorreiter des Rokoko in England war. Die geprägten und ziselierten Muster zeugen von großer Kunstfertigkeit. Solche Dosen wurden in geschlossenen, lederbezogenen Kästen aufbewahrt, denn Tee war zu jener Zeit ein seltener und kostbarer Luxus. Die Dosen werden mit Klappdeckeln an schmalen Scharnieren geschlossen. So finden sie auch in recht flachen Kästen Platz. Paul de Lamerie (1688–1751) war einer der berühmtesten Silberschmiede Englands. Viele der teuersten Sammlerstücke stammen aus seiner Werkstatt. Er wurde in den Niederlanden als Kind französischer Eltern geboren. Wie viele andere Hugenotten floh er nach London. 1703 ging er dort zunächst bei seinem Landsmann Pierre Platel (ca. 1664–1719) in Stellung. Von 1713 an ließ er verschiedene Zeichen registrieren: zuerst LA unter einem Stern und einer Krone, darunter eine Lilie. 1732 dann PL unter einem Stern und einer Krone, über einer Lilie und 1739 ein kursives PL, darüber eine Krone, darunter ein kleiner Kreis.**

**Anfänglich arbeitete de Lamerie im schlichten, recht strengen Queen-Anne-Stil. Gravuren wechseln hier mit breiten Bordüren und scharfen Winkeln ab. Nach 1730 nahm er den Stil des Rokoko an, um 1740 war er mit prachtvoll bossierten und ziselierten Meisterstücken einer der bedeutendsten Künstler seiner Epoche geworden.**

**In seiner Werkstatt in Soho fertigte de Lamerie extravagante und wertvolle Stücke, nicht zuletzt für Mitglieder der Königsfamilie, aber auch bescheidenere Arbeiten. Alle waren meisterhaft gearbeitet und bestanden aus massivem Silber. In einige spektakuläre Stücke wurden die Wappen der Besitzer graviert, vermutlich von William Hogarth (1697–1764). De Lameries Werkstatt war eine der produktivsten Silberschmieden Londons, viele Stücke sind bis heute erhalten.**

## TEEDOSE

**DATUM** 1714

**PRÄGEORT** London

**HERSTELLER** wahrscheinlich Thomas Parr

**HÖHE** 12 cm

Diese achteckige Teedose hat leicht eingezogene Schultern und einen abnehmbaren, runden Deckel. Solche achteckigen, den chinesischen Porzellandosen nachempfundenen Teedosen waren sehr populär. Auch runde, ovale oder umgekehrt balusterförmige Tee-Urnen nach chinesischem Vorbild wurden hergestellt.

Teedosen wurden selten als Einzelstücke, sondern häufiger in Sätzen von zwei oder drei Stück gefertigt. Die dritte Dose diente meist zum Aufbewahren von Zucker. Da Tee sehr teuer war, bewahrte man die Dosen in einem abschließbaren Kasten auf. Der gewölbte Deckel dient zugleich als Maß.

## TEEDOSE

**DATUM** 1785

**PRÄGEORT** London

**HERSTELLER** Thomas Crippin

**HÖHE** 15 cm

**BREITE** 15 cm

Diese Teedose mit wellenförmig strukturiertem Korpus ist abschließbar. Sie ist kunstvoll graviert, aber auf dem Deckel trägt sie eine recht unattraktive Ananas aus verfärbtem Elfenbein.

Im späten 18. Jahrhundert hatten Teedosen oft zwei Abteile für schwarzen und für grünen Tee. Gern wurde ein Schloß eingebaut, so daß die Dosen nicht weggeschlossen werden mußten.

Teedosen sollten einen kompletten Stempelsatz aufweisen, der Deckel einen aufrechten Löwen und das Meistersiegel.

## TEEDOSE

**DATUM** 1795

**PRÄGEORT** London

**HERSTELLER** John Scofield

**HÖHE** 14 cm

**LÄNGE** 13 cm

John Scofield (oder Schofield, Bz. 1776–96) ließ sein erstes Prägezeichen 1776 registrieren, als er mit Robert Jones zusammenarbeitete. 1778 kam ein zweites und 1789 ein drittes hinzu. Er hatte sich auf Kerzenhalter, Kandelaber und gefaßtes Glas spezialisiert und gilt als einer der besten Silberschmiede seiner Zeit. Auch Terrinen, Tee-Urnen, Kaffee- und Wasserkannen sind aus seiner Werkstatt erhalten, viele davon mit Medaillon-Verzierungen. Scofield legte großen Wert auf die Art, wie das Licht von seinen Silberarbeiten reflektiert wurde. Vermutlich arbeitete er auch für die damalige königliche Goldschmiedewerkstatt Jones & Gilbert und für das Carlton House (wo Georg IV als Prince of Wales lebte).

Diese ovale abschließbare Teedose ist am oberen und unteren Rand mit gravierten Bändern verziert, die sich auf dem Deckel wiederholen. Als Griff dient ein Knauf aus Elfenbein.

## TEEDOSE

**DATUM** 1864

**PRÄGEORT** London

**HERSTELLER** Frederick Brasted

**HÖHE** 14 cm (inklusive Griff)

**BREITE** 13,5 cm

**TIEFE** 9,5 cm

Diese Dose wurde im Stil der 1790er Jahre gearbeitet, obwohl der Tee im 19. Jahrhundert preiswert geworden war und abschließbare Teedosen sich erübrigten.

Frederick Brasted (oder Brastead, † 1888) arbeitete von 1857 bis 1862 unter der Firmierung Bell & Brasted mit John Bell zusammen. Nach 1862 arbeitete Brasted allein, sein Signum war ein schlichtes FB in einem abgestumpften Rechteck. Nach seinem Tod führten seine Witwe Susannah und ab 1895 sein Sohn Harry die Geschäfte weiter.

## GEBÄCKDOSE

**DATUM** ca.1865

**PRÄGEORT** Sheffield

**HERSTELLER** Akin Brothers

**HÖHE** 20 cm

Der Deckel dieser Gebäckdose ist mit einem Scharnier befestigt. Getriebene florale Ornamente heben sich von einem mattierten Untergrund ab, dazwischen liegen runde Medaillons. Gebäckdosen wurden meist aus plattiertem Silber hergestellt, nur wenige Stücke bestehen aus Sterling. Solche Dosen sind auch bei Sammlern in den USA sehr beliebt, darum sind viele dahin exportiert worden.

Der Korpus sollte einen vollen Prägesatz aufweisen, der Deckel einen aufrechten Löwen und das Meisterzeichen.

## GEBÄCKDOSE

**DATUM** ca.1870

**PRÄGEORT** Sheffield

**HERSTELLER** Fenton Brothers

**HÖHE** 23 cm

**DURCHMESSER** 15 cm

Diese Klappdose wird ganz im Stil der Zeit von einem zarten Rahmen gehalten. Ist die Dose ganz geöffnet, lassen sich die beiden verzierten Gitter in der Mitte zusammenschieben. Solche Dosen waren beliebt für Nüsse, Beeren und Süßigkeiten.

Die Brüder John Frederick und Frank Fenton ließen 1857 ihr Zeichen im Prägeamt von Sheffield registrieren. Zur gleichen Zeit meldeten sie auch in London ein Zeichen an und nannten als Adresse ihren Ausstellungsraum in den Bartlett Buildings beim Holborn Circus. 1883 übernahm John Fredericks Sohn Samuel Fenton das Geschäft.

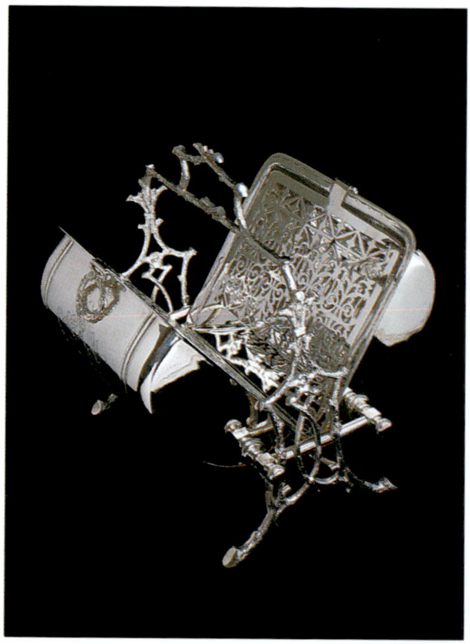

# RIECHDOSEN

**DATUM** 1836

**PRÄGEORT** Birmingham

**HERSTELLER** Nathaniel Mills

**HÖHE** 3 x 4,5 cm

**Riechdosen sind kleine Dosen mit einem Gitter, unter das ein parfümierter Schwamm gelegt wird. Sie kamen um 1810 in Mode. Die Gitter waren meist dekorativ mit Blatt- und Blütenmustern gestaltet.**
**Riechdöschen aus dem frühen 19. Jahrhundert sind selten größer als 2,5 cm.**
**Sie haben Gitter mit Lochperforationen und gravierte Deckel.**
**Um 1830 wurden die Riechdöschen größer und aufwendiger verziert.**
**Die Deckelgravuren dieser Zeit erinnern häufig an Nelsons Sieg bei Trafalgar 1805 oder an die Weltausstellung von 1851. Andere zeigten die Portraits berühmter Autoren wie Lord Byron (1788–1824) oder Sir Walter Scott (1771–1832).**
**Sie waren wie ein Buch gestaltet und trugen den Namen des Autors auf dem „Rücken".**
**Beliebt waren auch Dosen, in deren Deckel ein Schild eingeschoben wurde, etwa mit der Darstellung eines Schlosses wie Windsor oder Kenilworth, Byrons Haus in Newstead Abbey oder, wie bei diesem Exemplar, das Herrenhaus von Abbotsford, wo Sir Walter Scott lebte.**
**Die wertvollsten dieser Dosen haben handgetriebene Motive im Deckel.**
**Obwohl gerade die kleineren Silberwaren aus Birmingham oft abschätzig betrachtet und als „Spielzeug" bezeichnet wurden, hatten diese Dosen meist saubere Lötstellen, sauber schließende Deckel und leichtgängige Scharniere.**

## SCHNUPFTABAKSDOSE

**DATUM** ca.1770

**PRÄGEORT** Paris

**HERSTELLER** unbekannt

**ABMESSUNGEN** 4 x 10 cm

Im Frankreich des 16. Jahrhunderts glaubte man, der Genuß von Schnupftabak nütze der Gesundheit. So kam diese Gewohnheit im 17. Jahrhundert auch nach England. Tabaks- und Schnupftabaksdosen aus dem frühen 18. Jahrhundert sind schwer zu unterscheiden, meist sind Tabaksdosen etwas länger, Schnupftabaksdosen dagegen sind innen in zwei Fächer unterteilt.

Die Formen waren vielfältig, ebenso die Qualität der Dekorationen – einfache Muster kommen ebenso vor wie detaillierte Schlachtszenen. Aufwendige Motive wurden häufig auf separaten Platten gearbeitet und dann mit den Dosen verlötet. Im 18. und frühen 19. Jahrhundert waren die Dosen meist rechteckig und sparsam verziert.

## SCHNUPFTABAKSDOSE

**DATUM** 1832

**PRÄGEORT** Birmingham

**HERSTELLER** Nathaniel Mills

**ABMESSUNGEN** 8 x 5 x 2,5 cm

Schnupftabaksdosen waren ein beliebtes Geschenk. Diese trägt sinngemäß die Gravur „Für Mr. Gavin Scott, überreicht von der Vereinigung der Söhne der freien Bankiers als Zeichen ihrer Dankbarkeit für seinen unermüdlichen Einsatz um die Interessen der Vereinigung. Glasgow, 27. Juni 1833"

Im 19. Jahrhundert wurden die kleinen Silberwaren des täglichen Gebrauchs als „Spielzeuge" bezeichnet, und Birmingham war die Hauptstadt der Spielzeugmacher. Joseph Willmore, Samuel Pendleton, Joseph Taylor und besonders Nathaniel Mills (Bz. 1826–50) gehören zu den wichtigsten Vertretern.

## SCHNUPFTABAKSDOSE

**DATUM** 1845

**PRÄGEORT** Moskau

**HERSTELLER** unbekannt

**ABMESSUNGEN** 2,5 x 9 cm

In Europa und besonders in Rußland wurde zwischen 1770 und 1870 gern Niello in der Silberbearbeitung eingesetzt. Eine schwarze oder graue Masse aus Silber, Kupfer, Blei, Schwefel und Borax wird auf eine gravierte Fläche aufgetragen und erhitzt, dann wird überschüssige Farbe abgewischt. In den gravierten Vertiefungen bleibt die Farbe zurück, so daß die Motive deutlicher hervortreten. Auf diese Weise wurden oft auch die Schriftzüge von Flaschenetiketten geschwärzt. Die Technik ist sehr alt, Benvenuto Cellini (1500–71) soll diese vergessene Kunst wiederbelebt haben.

## ZIGARRENETUI

**DATUM** 1909

**PRÄGEORT** Birmingham

**HERSTELLER** unbekannt

**ABMESSUNGEN** 13 x 10 cm

Kurz nach der Entdeckung Amerikas wurden die Zigarren von den Spaniern nach Europa gebracht, 1788 eröffnete in Hamburg die erste Zigarrenfabrik. Das Rauchen etablierte sich auch in England bis zum Ende des Jahrhunderts. So fanden die Silberschmiede für ihre Zigarrenetuis in unterschiedlichsten Formen und Größen zahlreiche Abnehmer. Tischetuis waren ebenso beliebt wie Taschenetuis.

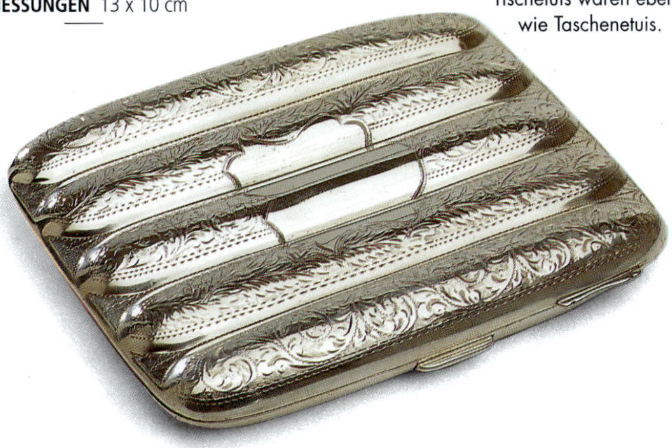

## SCHATULLE

**DATUM** 1905

**PRÄGEORT** Birmingham

**HERSTELLER** Charles S. Green & Co.

**HÖHE** 10 cm

**LÄNGE** 25 cm

Dosen sind normalerweise auf dem Deckel und am Boden gestempelt. Ist die Prägung an der Seite angebracht, ist Vorsicht geboten.

Die Form dieser Schatulle mit gewölbter Vorderseite war im frühen 18. Jahrhundert sehr populär für barocke Möbel, besonders in Frankreich und den Niederlanden. Auch Rokoko-Teedosen, Teekannen, Terrinen und Schatullen wurden in dieser Form hergestellt. Diese reichverzierte Schatulle steht auf vier schlichten Füßen. Über die Seiten und den Deckel ziehen sich dekorative Friese.

## SCHMUCKKÄSTCHEN

**DATUM** 1905

**PRÄGEORT** Birmingham

**HERSTELLER** Liberty & Co.

**ABMESSUNGEN** 5 x 10 x 10 cm

1875 eröffnete Arthur Lasenby Liberty (1843–1917) seinen berühmten Handel mit fernöstlicher Seide, japanischem Porzellan, Fächern und Wandschirmen in der Londoner Regent Street. Er paßte sich der Mode an und handelte bald auch mit anderen Artikeln im japanischen Stil. Als dieser Stil aus der Mode kam, wandte sich Liberty der Arts & Crafts-Bewegung zu. Bald stellte er aber fest, daß der erwachende Jugendstil ihm mehr entsprach.

1898/99 stellte Liberty seine walisisch inspirierte Silber- und Schmuckkollektion vor, die von der Birminghamer Werkstatt William Hair Haseler & Co. produziert wurde. Von 1901 an entwarfen Künstler wie Bernard Cuzner (1877–1956), Arthur Gaskin (1862–1928), Archibald Knox (1864–1933) und Rex Silver (1879–1965) Stücke für diese Kollektion, obwohl die Namen der Künstler nicht in Erscheinung traten. Auch der in Schottland geborene Jessie Marion King (1875–1949) arbeitete für Liberty. Diese Schachtel mit Einlagen aus Email und Türkis ist typisch für die Kollektion. Liberty-Stücke aus Birminghamer Werkstätten sind mit L & Co markiert (1903 registriert),stammten sie aus Londoner Werkstätten, trugen sie ein Ly & Co. in einem abgerundeten Rechteck (1899 registriert).

## Dose in Muschelform

**DATUM** 1913

**PRÄGEORT** London

**HERSTELLER** Sebastian Henry Garrard

**HÖHE** 6,5 cm

**LÄNGE** 15 cm

Diese Dose erinnert an die muschelförmigen Schatullen, die im späten 16. und frühen 17. Jahrhundert als Gewürzdöschen hergestellt wurden. Meist sind sie im Inneren in mehrere Abteile unterteilt. Sie stehen auf kleinen, muschelförmigen Füßen, und der gewölbte Deckel ist mit Rippen verziert. Der Korpus der Dosen ist meist schlicht. Dosen ohne Inneneinteilung werden oft als Zuckerdosen bezeichnet.

Sebastian Henry Garrard (1868–1946), der Sohn von James Mortimer Garrard, ließ sein Monogramm 1889 registrieren. Er arbeitete für die Werkstatt der Familie.

## Schweizer Spieluhr

**DATUM** 1920

**PRÄGEORT** unbekannt (Schweiz)

**HERSTELLER** unbekannt

**ABMESSUNGEN** 4 x 10 x 5 cm

In die Vorderseite der vergoldeten und emaillierten Spieluhr ist eine Uhr eingelassen. Vermutlich wurden nur 1000 Exemplare davon hergestellt, diese trägt die Nummer 676.

Der Vogel singt und dreht sich, anschließend verschwindet er wieder in der Dose.

Genf war das Zentrum der Schweizer Uhren- und Automatenindustrie. In emaillierte Tabaksdosen und Spieluhren sind häufig Uhren integriert. Die meisten Genfer Produkte waren für den osteuropäischen Markt bestimmt. Anders als das abgebildete Exemplar waren die meisten Spieluhren mit Blumen oder exotischen Motiven und geometrischen Bordüren dekoriert.

# LEUCHTER UND KANDELABER

## WANDLEUCHTER

**DATUM** 1622

**PRÄGEORT** Utrecht

**HERSTELLER** Adam van Vianen

**HÖHE** 35,5 cm

**BREITE** 24 cm

Klassische Wandleuchter haben oft einen Zierrahmen, aus dem ein oder zwei Arme zum Halten der Kerzen hervortreten. Auf diesen beiden bossierten, durchbrochenen Wandleuchtern kommen die reflektierenden Eigenschaften des Materials ebenso zur Geltung wie die Kunstfertigkeit des Silberschmiedes. Sie entstanden kurz ehe das Barock in den Niederlanden seine Hochblüte erlebte.

Adam van Vianen (ca. 1565–1627) wurde in Utrecht geboren und verbrachte sein ganzes Leben dort. Er war Sohn eines Goldschmiedes, 1593 erlangte er selbst diesen Titel. Er arbeitete mit seinem Bruder Paul (ca. 1570–1613) zusammen.

## NACHTLEUCHER

**DATUM** 1770

**PRÄGEORT** London

**HERSTELLER** Ebenezer Coker

**HÖHE** 10 cm

**DURCHMESSER** 19 cm

Niedrige Kerzenhalter mit einem Teller zum Auffangen herabtropfenden Wachses und einem ringförmigen Griff oder einem längeren Stiel werden unter vielen Bezeichnungen angeboten.

Die Grundform hat sich im Lauf der Zeit kaum verändert. Die Unterteller waren meist rund, achteckige oder rechteckige Teller wurden nur selten gefertigt. Dekorationen waren schlicht; auch dieser Leuchter hat nur eine schlichte Kugelkante. Ab Mitte des 18. Jahrhunderts wurden zu solchen Leuchtern oft konische Löscher mit einem kugelförmigen Griff hergestellt.

Ebenezer Coker (1738–ca.70)arbeitete in London, er ließ verschiedene kursive EC-Zeichen registrieren. Er bevorzugte einen klassischen Stil, der auch an seinen Arbeiten zu erkennen ist. Neben Kerzenhaltern fertigte er Servierteller und Tabletts, oft mit kunstvoll ziselierten und durchbrochenen Rändern.

## NACHTLEUCHTER

**DATUM** 1794

**PRÄGEORT** London

**HERSTELLER** Elizabeth Jones

**HÖHE** 11,5 cm

**DURCHMESSER** 18 cm

Diese schlichten Georg-III-Leuchter mit den originellen Löschern sind nur am oberen Rand und an der leicht hochgezogenen Kante des Untertellers mit einem feinen Bändermuster verziert. Meist hatten solche Löscher einen seitlichen Dorn, der in eine Ausnehmung am Griff paßte.

Solche Leuchter wurden oft paarweise oder sogar in Sätzen von vier oder mehr Stück hergestellt. Im 18. Jahrhundert gehörten sie in jeden Haushalt, heute sieht man sie nur noch selten.

## NACHTLEUCHER

**DATUM** 1856/57

**PRÄGEORT** London

**HERSTELLER** R.& S. Garrard & Co.

**DURCHMESSER** 14 cm

Die Tropfenfänger solcher Leuchter blieben meist unverziert. Höchstens hochgezogene Ränder oder Randverzierungen wie Schnur- oder Perlenmuster sind zu finden. Manche haben auch kleine Füßchen. In die löffelförmigen Griffe dieses Satzes von 12 Leuchtern ist ein Helm und eine Krone graviert.

Bis etwa 1720 wurden die Zeichen der Silberschmiede auf der Oberseite angebracht, später auf der Unterseite.

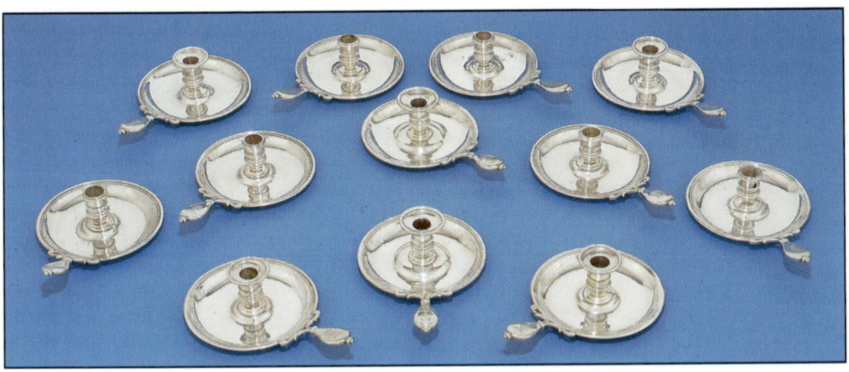

## KERZENSTÄNDER

**DATUM** 1702

**PRÄGEORT** London

**HERSTELLER** Edward Ironside

**HÖHE** (Kerzenständer) 16 cm

**HÖHE** (Lichtputzschere) 12 cm

Die Ständer für Kerzen und Lichtputzschere aus vergoldetem Silber haben teilweise mattierte, runde Sockel und Verdickungen im Schaft, die mit Godronen verziert sind.
Die schlichte Form mit den leicht eingesunkenen, glockenförmigen Ansätzen ist typisch für die Zeit Queen Annes. In alle drei Stücke ist das gleiche Wappen eingraviert.

Diese zu den Leuchtern passende Lichtputzschere wurde 1715 von David Green in London hergestellt, sie trägt die gleiche Gravur. Solche Scheren zum Beschneiden von Dochten und zum Löschen der Kerze haben an einem Blatt der Schneide ein kleines geschlossenes Abteil, in das die abgeschnittenen Dochtstücke fallen. David Green benutzte 1701 das Monogramm *GR* unter einer Krone, 1720 war sein Zeichen *DG* in einem Rechteck.

## KERZENSTÄNDER

**DATUM** 1751

**PRÄGEORT** London

**HERSTELLER** William Homer

**HÖHE** 20,5 cm

**BREITE** 14 cm

Diese beiden gegossenen Kerzenständer haben am Fuß eine Dekoration aus sechs Muscheln. Das Motiv wiederholt sich als Tropfenfänger am Kopfende. Zur Zeit George II (1727–60) waren die Kerzenständer recht lang und dünn geworden. Im frühen 18. Jahrhundert waren sie selten höher als 18 cm, um die Mitte des Jahrhunderts etwa 25 cm und um 1775 bis zu 30 cm hoch. Danach reduzierte sich ihre Höhe wieder auf eine Größe von ca. 23–25 cm. Sockel, Schaft und Kopf wurden meist in einzelnen Formen gegossen und erst anschließend zusammengelötet. Leuchter von geringerem Wert wurden aus dünner Silberfolie hergestellt und dann mit Teer oder Gips ausgegossen. So wurde ein, den massiven Leuchtern vergleichbares Gewicht vorgetäuscht.

Massive Kerzenständer tragen die Prägung meist unter dem Sockel, bei eckigen Sockeln in den Ecken und bei runden Exemplaren mittig in gerader Linie.

## KERZENSTÄNDER

**DATUM** ca.1797

**PRÄGEORT** Paris

**HERSTELLER** unbekannt

**HÖHE** 30 cm

Diese edlen gegossenen Kerzenständer bestehen aus 950er Silber. Die strenge Form ist typisch für den Einrichtungsstil zur Zeit Ludwigs XIV, der auch in den frühen Gemälden von Jacques-Louis David (1748–1825) zu erkennen ist.

Französische Kerzenständer wurden normalerweise in drei Teilen gegossen – zwei vertikale Teile sowie der Sockel. Diese Technik wurde auch für größere Stücke angewendet.

## KANDELABER

**DATUM** 1884

**PRÄGEORT** Birmingham

**HERSTELLER** Elkington & Co.

**HÖHE** 53 cm

**BREITE** 38 cm

Dies ist einer von zwei identischen vierarmigen Kandelabern, die üppig mit Blüten- und Blattornamenten dekoriert sind. Elkington & Co. besaß ein Patent für elektrolytisches Versilbern. Die Firma hatte zwischen 1840 und Mitte des 20. Jahrhunderts den Hauptsitz in Birmingham, dennoch tragen manche Stücke aus dieser Produktion auch andere Städtemarken. Der Erfolg des Geschäftes ermöglichte es den Inhabern, die besten Designer und Handwerker einzustellen. Gegen Ende des 19. Jahrhunderts war der japanische Stil sehr beliebt, gravierte Vögel, Blüten und Schmetterlinge sowie Griffe in der Form von Bambusstäben und fächerförmige Tabletts genossen große Beliebtheit. Elkington machte sich auch japanische Techniken zunutze, viele Stücke dieser Zeit wurden beispielsweise mit Cloisonné verziert. Die Bedeutung der Firma rührt hauptsächlich von ihrem Monopol auf dem Gebiet der elektrolytischen Versilberung her. Auch preiswerte Stücke aus Kupfer, meist Kopien wertvollerer Waren, wurden mit einer dünnen Silberschicht überzogen. (siehe auch Seite 74)

# Verschiedene Silberstücke

## Schälchen

**DATUM** 1683

**PRÄGEORT** London

**HERSTELLER** unbekannt

**DURCHMESSER** 11 cm

Diese relativ flachen Schälchen wurden ursprünglich für das Servieren von Brei (Porridge) verwendet. Aus der zweiten Hälfte des 17. Jahrhunderts und aus dem frühen 18. Jahrhundert sind noch viele Exemplare aus versilbertem Zinn oder massivem Silber erhalten.

Im 17. und 18. Jahrhundert wurde der Aderlaß als Maßnahme bei vielen Erkrankungen für sehr wirkungsvoll gehalten. Damals funktionierte man häufig solche Breischälchen um und fing in ihnen das Blut des Erkrankten auf. Um die Menge des Blutes abmessen zu können, wurden kreisförmige Markierungen in das Silber graviert. Schälchen, die ausschließlich für diesen Zweck hergestellt wurden, fassen nicht mehr als 85 ml. Schälchen des abgebildeten Typs wurden in England nur zwischen 1625 und 1730 hergestellt. Diese Schale trägt das Monogramm *HT*.

## Probierschale

**DATUM** 1741

**PRÄGEORT** Lyon

**HERSTELLER** unbekannt

**DURCHMESSER** 9 cm

Die klassischen französischen Schalen zum Probieren und Verkosten von Wein hatten meist einen horizontalen Griff auf Höhe des Randes, darunter einen senkrechten Griff, den man zwischen Daumen und Zeigefinger hielt. Nur wenige Exemplare haben, wie dies, einen einzelnen waagerechten Griff. Das Godronenmuster ist auf der Innenseite sichtbar. So konnte man beim Schwenken des Weines seine Klarheit prüfen. Die meisten Probierschalen haben einen Durchmesser von 7,5 bis 10 cm, oft sind sie recht dickwandig und auf der Außenseite mit Weinlaubmotiven verziert.

Probierschalen gehörten zur Ausrüstung aller, die beruflich mit Wein zu tun hatten, z.B. Winzer und Butler. In England sind solche Schalen selten zu finden, um so häufiger aber in den Weinanbaugebieten Frankreichs.

## BECHER

**DATUM** ca.1865

**PRÄGEORT** unbekannt (wahrscheinlich Holland)

**HERSTELLER** unbekannt

**HÖHE** 23 cm

Dies ist die Nachbildung eines Stücks aus den Jahren 1655/56 von Hindrick (oder Hinrich) Muntinck von Groningen, der vermutlich ein Bruder des Graveurs Adrian Muntinck war. Das Original ist im Rijksmuseum in Amsterdam zu sehen.

Der Becher ist vermutlich die älteste Form von Trinkgefäß, das Menschen hergestellt haben. Besonders in Nordeuropa war er das vorherrschende Trinkgefäß im 16. und 17. Jahrhundert. Nach der Reformation ersetzte er sogar den Kelch beim Abendmahlsgottesdienst. Becher waren häufig mit Ornamenten verziert, der Fuß oft mit Bändern aus geprägtem Silber verstärkt.

## SCHALE

**DATUM** 1819

**PRÄGEORT** London

**HERSTELLER** William Bateman

**LÄNGE** 13,5 cm

**BREITE** 7,5 cm

Solche kleinen Schalen wurden verwendet, um Kinder oder Kranke mit Brei zu füttern. Meist waren die Schalen schiffchenartig geformt, an einem Ende hatten sie einen Schnabel, der als Mundstück diente. Normalerweise hatten die Schalen keine Griffe, obwohl einige wenige Exemplare mit zwei flachen seitlichen oder einem hinteren gebogenen Griff erhalten sind. Einige Stücke sind rund, andere haben Deckel, die die Schale oder auch das Mundstück bedecken. Breischiffchen wurden zuerst zwischen 1700 und 1830 hergestellt, die meisten von ihnen sind schlicht und funktional. Nach 1800 erhielten sie gelegentlich einen breiteren Rand, der manchmal graviert oder ziseliert wurde. Einige Breischiffchen wurden nachträglich zu Sahnekännchen umfunktioniert, indem Füße und ein Griff angesetzt wurden.

William Bateman (1774–1850) war der Sohn von Hester Bateman (Siehe Seite 28). Er verwendete das Monogramm *WB* oder *W·B* in einem abgerundeten Rechteck.

## Muskatreibe

**DATUM** 1784

**PRÄGEORT** London

**HERSTELLER** Thomas Phipps und Edward Robinson

**ABMESSUNGEN** 2 x 5 cm

Muskat wurde im 17. und 18. Jahrhundert in großen Mengen als Gewürz für verschiedene Speisen und Getränke, vor allem aber für Punsch, verbraucht. Muskatreiben sind heute eher selten zu finden. Im 17. und 18. Jahrhundert wurden sie in großen Mengen hergestellt. Die frühesten sind einfache Döschen mit einem Deckel an Scharnieren, in die eine Stahlreibe eingelassen ist. Die ganze Nuß wird in der Dose aufbewahrt. Im späten 17. Jahrhundert kam die zylindrische Form mit einer Reibfläche aus Stahl oder Silber auf. Allerdings ist Silber als Material für die Reibe zu weich. Ende des 18. und Anfang des 19. Jahrhunderts wurden zahlreiche phantasievolle Muskatreiben gefertigt, z.B. eiförmige und blütenförmige. In einigen war auch ein Korkenzieher integriert. Die Nuß wurde aus Aromagründen in einem kleinen Fach aufbewahrt, die Reibe war meist beweglich an feinen Scharnieren befestigt.

Thomas Phipps und Edward Robinson (Bz. ca. 1784–1814) waren berühmt für ihre Silberminiaturen, z.B. Muskatreiben, Schnupftabaksdosen, Flaschenschilder etc. 1783 ließen sie die Monogramme *TP* und *ER* registrieren.

## Zitronenpresse

**DATUM** 1756

**PRÄGEORT** London

**HERSTELLER** unbekannt

**ABMESSUNGEN** 11 x 9 cm

Zitrusfrüchte waren eine Grundzutat für Punsch. Neben Porzellan und glasierter Keramik war Silber das einzige damals bekannte Material, das von der Säure nicht angegriffen wurde. Um ca. 1680 tauchten Pressen mit langen, röhrenförmigen Griffen auf, die Löcher waren meist einfach eingestanzt. Im frühen 18. Jahrhundert kamen rosettenförmig angeordnete Löcher in Mode, und auch die Griffe wurden aufwendiger dekoriert. Etwa ab der Mitte des 18. Jahrhunderts gewannen funktionale Zitronenpressen mit geometrisch angeordneten Löchern wieder an Boden. Die Abbildung zeigt ein Beispiel.

## Sturzbecher

**DATUM** 1805

**PRÄGEORT** London

**HERSTELLER** unbekannt

**LÄNGE** 14 cm

Ursprünglich wurde der Sturzbecher zum Abschied gereicht, er steht aber auch in enger Verbindung mit Jagdbräuchen. Fast alle Sturzbecher aus dem 18. Jahrhundert haben die Form eines Fuchskopfes, aber auch Hasen- und Hirschköpfe wurden vereinzelt gefertigt.

Die ältesten erhaltenen Sturzbecher sind flacher als ein echter Fuchskopf, die meisten zeigen drohend die Zähne. Spätere Stücke sehen weitaus realistischer aus. Die nach vorn gerichteten Ohren geben diesem Fuchs ein etwas kurioses Aussehen. Üblicher waren nach hinten angelegte Ohren. Das Fuchsfell wurde sehr unterschiedlich dargestellt, teils naturalistisch, teils stilisiert. Kleinere Fuchsköpfe wurden ab etwa 1800 als Schnupftabaksdosen verwendet.

## Warmhalteschale

**DATUM** ca.1870

**PRÄGEORT** London

**HERSTELLER** Martin, Hall & Co. Ltd

**HÖHE** 19 cm

**DURCHMESSER** 26,5 cm

Schalen aus massivem oder plattiertem Silber mit Deckel und einem langen Stiel wurden zum Warmhalten von Speisen auf ein Rechaud gestellt. Die Griffe sind häufig abnehmbar. Einige Warmhalteschalen sind doppelwandig gearbeitet, so daß der Hohlraum vor dem Einfüllen der Speise in die Schale mit heißem Wasser gefüllt werden kann. Der Deckel der abgebildeten Schale hat eine handgearbeitete Gravur.

Die Firma Martin, Hall & Co. wurde von John Roberts in Sheffield gegründet. Roberts war auch Teilhaber von Wilkinson & Roberts. Im Jahre 1836 zog sich Wilkinson aus dem Geschäft zurück und Roberts schloß sich mit Ebenezer Hall zusammen.

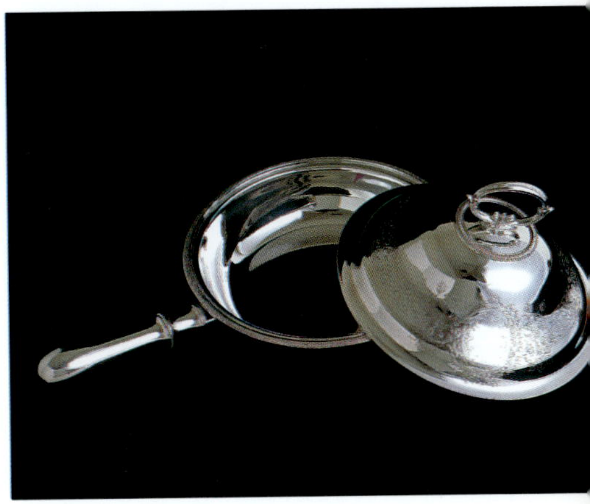

1846 fusionierten beide Firmen unter Roberts & Hall. 1854 schlossen sich Roberts & Hall mit Martin & Naylor zusammen, danach hieß das Geschäft Martin, Hall & Co. 1936 wurde die Firma geschlossen.

## FLASCHENUNTERSETZER

**DATUM** 1797

**PRÄGEORT** London

**HERSTELLER** John Terry

**HÖHE** 4,5 cm

**BREITE** 14,5 cm

In England war es üblich, nach der Mahlzeit die Tischdecke abzunehmen und dann eine Flasche Port oder Brandy herumzureichen. Um Flecken auf dem Holz der Tischplatte zu vermeiden, stellte man die Flaschen in solche, wie hier abgebildeten Untersetzer. Die ersten Untersetzer stammen von ca. 1760, sie wurden von Silberschmieden hergestellt, die auch die dazugehörigen Menagen und Körbe fertigten. Meist wurden 4–6 Untersetzer als Satz hergestellt, gelegentlich auch mehr. Die Seiten sind 4–5 cm hoch, oft mit Godronen oder anderen Ornamenten verziert. Um 1770 kamen mit dem Neoklassizismus auch Festons, Medaillons und geometrische Motive in Mode. Gegen Ende des Jahrhunderts setzten sich größere, schlichte Untersetzer durch, die aber bald von verzierten Exemplaren wie den abgebildeten verdrängt wurden.

Die große Mehrzahl der Untersetzer trägt die Prägung auf der Unterseite des Bodens, bei einigen Stücken sind die Stempel jedoch auch auf dem seitlichen Rand zu finden.

## WEINKÜHLER

**DATUM** 1840

**PRÄGEORT** London

**HERSTELLER** Benjamin Smith jr.

**HÖHE** 26,5 cm

Diese Weinkühler aus hochwertigem Sterlingsilber wurden als Geschenk für Sir Thomas Phillips hergestellt, der die Forderungen der Chartisten nach wirtschaftlichen und politischen Reformen abschmetterte. Die stark gewellten Ränder zeigen die Wiederbelebung des Rokoko, aber die Trauben- und Muschelornamente sind zu überladen, um diesem Stil wirklich gerecht zu werden.

Weinkühler hatten ihren Platz auf der Anrichte. Sie wurden mit Eiswasser gefüllt und boten Platz für eine oder mehrere Weinflaschen. Um 1790 hatten sie eine gerade Seitenwandung, die sich nach oben hin leicht öffnete. Später erhielten sie einen eingezogenen Fuß und häufig ringförmige Griffe an den Seiten. Manche Weinkühler hatten die Form einer umgekehrten Glocke (wie diese Exemplare), die massiven Griffe wurden knapp oberhalb des Fußes an der Wölbung des Korpus befestigt.

Benjamin Smith (1793–1850) war der älteste Sohn von Benjamin Smith (1764–1823). Sie ließen 1816 ein gemeinsames Monogramm registrieren. Bis 1849 lieferte Smith Prototypen verschiedener Silberarbeiten an Elkington & Co., die hier elektrolytisch versilbert wurden. Später verlegte er sich auf Stücke mit naturalistischer Ornamentik. Sein Sohn Stephen (Bz. 1850–86) übernahm die Werkstatt.

## WEINKÜHLER

**DATUM** 1893

**PRÄGEORT** London

**HERSTELLER** Lambert & Co.

**HÖHE** 25 cm

**LÄNGE** 63,5 cm

**BREITE** 30 cm

Vor der Restauration (1660) wurden Weinkühler noch aus Zinn hergestellt, erst danach fertigte man sie größtenteils aus Silber. Die Grundform der Kühler ist meist recht ähnlich, aber die Größen variieren in hohem Maße.

Ursprünglich wurden sie mit kaltem Wasser gefüllt, in das dann Weinflaschen zum Kühlen gelegt werden konnten. Kleinere Exemplare von 50 cm Länge und 30 cm Breite waren vermutlich für zwei Flaschen gedacht. Einige Kühler waren aber so groß, daß sie auch bei Bedarf als Badewannen benutzt werden konnten. Solche großen Kühler werden auch als Weinzisternen bezeichnet. Ein berühmtes Beispiel wurde von Charles Kandler in London gefertigt: die 1,79 m breite Zisterne wurde von Katharina II von Rußland gekauft. Die Sutherland-Zisterne von Paul de Lamerie ist 96,5 cm breit.

Die Firma Lambert & Co. wurde ca. 1788 von Francis Lambert (ca. 1778–1841) gegründet. Er verkaufte in seinem Geschäft in der Coventry Street Schmuck und Silberwaren. Gegen Ende des 19. Jahrhunderts übernahm Francis Lamberts zweiter Sohn George († 1901) das Geschäft.

## FLASCHENETIKETTEN

**DATUM** 1811

**PRÄGEORT** London

**HERSTELLER** Paul Storr

**ABMESSUNGEN** 7,5 x 5 cm

Diese schweren Schilder aus vergoldetem Silber sind mit aufwendigen Laub- und Traubenornamenten verziert. Sie wurden an dünnen Ketten um den Hals von Wein- oder Branntweinflaschen gehängt, ein eingravierter Schriftzug gab Auskunft über den Inhalt. Frühe Exemplare haben meist die Form eines Wappens, meist tragen sie nur ein Monogramm des Silberschmiedes und einen Feingehaltsstempel (in der Regel Sterling). Flaschenetiketten mit einem kompletten Stempelsatz tauchen erst nach 1790 auf.

## SCHREIBZEUGGARNITUR

**DATUM** 1837

**PRÄGEORT** London

**HERSTELLER** Mary und Richard Sibley

**HÖHE** 12,5 cm

**LÄNGE** 40 cm

**BREITE** 29 cm

Solche Schreibsets kamen erst gegen Ende des 17. Jahrhunderts in Mode, während des 18. und 19. Jahrhunderts erfreuten sie sich aber steter Beliebtheit. Ab Mitte des 18. Jahrhunderts wurden Tintenfässer aus Glas hergestellt. Schreibgarnituren können sehr einfach oder auch sehr aufwendig gestaltet sein. Einige sind wie ein Tablett geformt und enthalten Gefäße für Tinte und Sand, einen Halter für Siegelmarke und Siegellack, eine Glocke und einen kleinen Kerzenhalter. Meist waren sie rechteckig und boten auch Platz, um Schreibfeder oder Federhalter abzulegen. Schreibgarnituren hatten ihren Platz oft in der Bibliothek. Sie waren als Geschenke sehr beliebt und wurden oft mit Schriftzügen graviert. Alle abnehmbaren Teile sollten mit einer Meistermarke und einem aufrechten Löwen geprägt sein.

Richard Sibley (Bz. 1829–80) war der Sohn eines anerkannten Londoner Silberschmiedes. Nach dem Tod seines Vaters im Jahre 1836 führte Richard das Geschäft zunächst zusammen mit seiner Mutter Mary weiter. 1837 scheint er aber ein eigenes Geschäft betrieben zu haben. 1836 ließen Richard und Mary Sibley das Monogramm *M·R* über einem *S* in einem Herzen registrieren.

## SCHREIBZEUGGARNITUR

**DATUM** ca.1851

**PRÄGEORT** Birmingham

**HERSTELLER** Elkington, Mason & Co.

**DURCHMESSER** 23,5 cm

Diese runde Garnitur von John Leighton (1822–1912) besteht aus Kupfer, ist teilweise elektrolytisch versilbert und teilweise vergoldet. Sie wurde für die Weltausstellung 1854 hergestellt. Das zentrale Tintenfaß hat einen abnehmbaren Deckel in Form einer Weltkugel, über dem Nordpol schwebt die Figur des Merkur. Auf der Oberseite sind runde Relief-Vignetten angeordnet, die „Rohstoffe", „Herstellung" und „Handel" darstellen. Auf dem Rand sind in einem Gittermuster die Namen verschiedener Künstler eingraviert. Die Garnitur steht auf sechs Füßen im gotischen Stil, aus dem Korpus lassen sich seitlich drei Schubladen herausziehen.

George Richards Elkington (1801–65) und sein Cousin Henry (ca. 1810–52) meldeten 1836 und 1838 Patente für die elektrolytische Vergoldung an. Im Lauf der nächsten Jahre kaufte G.R. Elkington alle Patente für technische Verbesserungen dieses Verfahrens auf, darunter auch eines, das von John Wright in Birmingham entwickelt worden war. 1840 schlossen sich G.R. und H. Elkington mit Josiah Mason († 1859) zusammen. Um 1845 hatte die Firma ein Verfahren erfunden, Kopien wertvoller Objekte aus Kupfer mit einer dünnen Silberschicht zu überziehen.

## Schreibzeuggarnitur

**DATUM** 1901

**PRÄGEORT** London

**HERSTELLER** William Hutton & Co. Ltd

**ABMESSUNGEN** 23 x 10 x 10 cm

Das Jugendstilornament auf der Basisplatte dieser Schreibgarnitur ist handgetrieben, die beiden Tintenfässer aus grünem Glas haben verzierte, an Scharnieren aufgehängte, runde Deckel.

William Carr Hutton (1803–65) gründete 1832 in Sheffield eine Silberschmiede- und Versilbererwerkstatt. Drei seiner fünf Söhne traten in das Familienunternehmen ein. 1863 wurde noch ein zusätzlicher Ausstellungsraum in London eröffnet.

## Schreibzeuggarnitur

**DATUM** 1902

**PRÄGEORT** London

**HERSTELLER** William Comyns

**HÖHE** 7,5 cm

**LÄNGE** 20 cm

**BREITE** 6,5 cm

Obwohl diese Garnitur in London hergestellt wurde, hat sie die Form eines napoleonischen Schreibtisches, selbst die Symbole auf der Vorderseite sind französischen Ursprungs.

William Comyns (ca. 1837–1916) ging 1849 zu George John Richards von Clerkenwell in die Lehre. 1859 ließ er sein erstes Meisterzeichen registrieren. Um 1888 nahm er zwei seiner drei Söhne, Charles Harling († 1925) und Richard Henry († 1953) mit in sein Geschäft und änderte den Firmennamen in Willam Comyns & Sons.

## Rasiergeschirr

**DATUM** 1717

**PRÄGEORT** London

**HERSTELLER** Simon Pantin

**HÖHE** 19 cm

**LÄNGE** 34 cm

Dieses Rasiergeschirr wurde von Simon Pantin (Bz. ca. 1694–1728) hergestellt. Pantin gehörte zu einer berühmten Pariser Familie von Goldschmieden und Uhrmachern, er war einer der zahlreichen Handwerker hugenottischen Ursprungs die nachdem Edikt von Nantes 1685 nach England flohen. 1701 ließ er sein Meisterzeichen registrieren, einen radschlagenden Pfau über den Buchstaben PA. Die meisten seiner Arbeiten sind schlicht, lediglich mit dezenten Gravuren dekoriert. Auffallend sind die ausgewogenen Proportionen. Sein Sohn, ebenfalls mit dem Namen Simon, trat 1731 ins Geschäft ein, starb aber schon 1733.

Silberne Rasierbassins waren schon im späten 15. Jahrhundert bekannt, die ältesten erhaltenen Exemplare stammen jedoch aus dem späten 17. Jahrhundert – und auch diese sind sehr selten. Sie waren rund oder oval, die Breite des Randes konnte bis zu einem Drittel des Innendurchmessers betragen. Die Ausnehmung im Rand des Beckens bot Platz für den Hals der Person, die rasiert wurde. Passende Wasserkrüge sind seit dem frühen 16. Jahrhundert bekannt (eventuell auch länger), heute erhaltene Stücke stammen jedoch aus dem frühen 18. Jahrhundert.

## Ankleidespiegel

**DATUM** 1886

**PRÄGEORT** London

**HERSTELLER** William Comyns

**HÖHE** 53 cm

**BREITE** 36 cm

Spiegel mit Silberrahmen sind sehr selten. Vermutlich wurden sie passend zu Toilettengarnituren hergestellt. Dieser gegossene Rahmen hat eine hölzerne Rückseite, er wird wie eine Staffelei aufgestellt. Die Ornamente bestehen aus Blüten, Figuren und Vasen, die obere Mitte ziert eine groteske Maske.

## TOILETTENGARNITUR

**DATUM** 1894

**PRÄGEORT** London

**HERSTELLER** William Comyns

**ABMESSUNGEN** (der Schale) 35 x 15 cm

Dieses Set im Stil des Rokoko besteht aus Dosen, Tiegeln, einem Knopfhaken, einem Schuhlöffel und einer Haarbürste mit silbernem Rücken. Es befindet sich in seinem ursprünglichen Koffer. Solche Reisesets enthielten oft auch Glasflaschen mit silberner Fassung, manchmal zusätzlich andere nützliche Dinge wie Schreibgarnituren, Maniküre-besteck und Nähzeug.

Comyns gehörte zu den bekanntesten Herstellern von Toilettenrequisiten aller Art, z.B. auch Schmuck-kästchen und Puderdosen.

## STANDUHR

**DATUM** 1912

**PRÄGEORT** London

**HERSTELLER** Omar Ramsden und Alwyn Carr

**HÖHE** 9 cm

**BREITE** 9 cm

**TIEFE** 6 cm

Omar Ramsden (1873–1939) begann seine Karriere in einer Silberschmiedewerkstatt in Sheffield. Er freundete sich mit Alwyn Charles Ellison Carr (1872–1940) an, mit dem er seit 1890 Abendkurse an der örtlichen Kunstschule besuchte. 1896 gewannen beide ein Stipendium der National Art Training School (heute Royal College of Art). 1898 gründeten sie eine gemeinsame Firma mit Sitz in Chelsea, London. Sie stellten unterschiedliche Produkte aus Gold und Silber her, einfache Hausgegenstände ebenso wie zeremonielle Stücke. Vermutlich hat Ramsden selbst wenig als Silberschmied gearbeitet, sondern diese Tätigkeit Carr oder einem Assistenten überlassen.

Beide Männer waren von der Kunstfertigkeit mittelalterlicher Goldschmiede beeindruckt. Obwohl ihr Stil dem der Arts & Crafts-Bewegung nahesteht, hat er auch deutliche Züge des Jugendstils. Manche ihrer Arbeiten wirken zu professionell, um mit dem Ethos der Arts & Crafts-Bewegung in Einklang zu stehen. 1910 ließen sie das Zeichen *RN* & *CR* in einem Oval registrieren.

# Glossar

## A

**Akanthus** Staudengewächs im Mittelmeerraum, das in der griechischen Architektur gern zur Verzierung verwendet wurde. Es kam in England im frühen 16. Jahrhundert in Gebrauch und war während der Regentschaft Charles II (1660-85) sehr beliebt zur Dekoration von Bechern, Seideln etc. Im Neoklassizismus wurde es vereinfacht angewandt.

**Anthemion** Fries aus stilisierten Blüten und Blättern. Entstand in der Antike, wurde im englischen Neoklassizismus häufig verwendet.

**Applikation** Draht, geformte oder gegossene massive Teile, die einzeln gefertigt und nachträglich an ein Stück angelötet wurden. Sie dienten zur Verstärkung oder zur Dekoration.

## B

**Baluster** Säulen mit Konturen aus ein- und ausschwingenden Kurven. Sie wurden häufig als Dekoration für Kerzenständer oder Pokale verwendet.

**Beschauzeichen** Amtliche Prägemarke, meist das Stadtzeichen, die den vorgeschriebenen Feingehalt eines Silberstückes bestätigt.

**Beschlagwerk** Dekoration, die aus symmetrisch angeordneten Bändern, Leisten und flachen geometrischen Körpern besteht.

**Blutstein** Mineral, das zum Polieren von Silber verwendet wurde.

**Bossieren** Eine spezielle Technik des Treibens von Metall. Hierbei wird der Werkstoff nur von der Innenseite her bearbeitet.

**Britannia-Metall-Grundlegierung** (nicht zu verwechseln mit dem Britannia-Standard) 150 Teile Zinn, 3 Teile Kupfer und 10 Teile Antimon, oft als Grundierung für elektrolytische Versilberungsverfahren verwendet.

**Britannia-Standard** Zwischen März 1697 und Juni 1720 gebräuchliche Silberlegierung mit einem Feingehalt von 985/1000. Die Verwendung war vorgeschrieben, als Markierung diente die Figur der Britannia. Die Vorschrift hatte den Zweck, die Silberschmiede vom Einschmelzen von Münzen (die aus Sterlingsilber bestanden) abzuhalten. Obwohl Britannia-Silber weniger strapazierfähig ist als Sterling, wurde es teilweise auch nach 1720 weiterverarbeitet.

## C

**Caddy** Tee wurde in Dosen mit einem Fassungsvermögen von knapp 550 g verkauft. Das malaiische Wort für diese Dosen ist „kati", hiervon wurde im Laufe der Zeit der gängige englische Begriff „caddy“ abgeleitet.

**Chinoiserie** Dekorative Motive, die auf chinesischen Einflüssen basierten, und vorwiegend im 18. Jahrhundert in Mode waren. Der Stil erstreckte sich auf die Architektur, die Raumgestaltung, Möbel, Porzellan, Teppiche, Tapeten und Dekorationsgegenstände aller Art. Er wurde von der Japonaiserie abgelöst.

**Cloisonnè** Emailletechnik, bei der zuerst ein Motiv aus Drähten aufgelötet wird. Dann werden die freien, vom Draht eingeschlossenen Flächen mit Email gefüllt. Nach dem Brennen wird die Oberfläche geschliffen, so daß die Drähte freiliegen und eventuell vergoldet werden können.

## D

**Doublé** Ein edles Metall ist mit einem unedlen so verbunden, daß eine unlösbare Verbindung entsteht. Dies kann durch Aufspritzen, Aufwalzen, Tauchen oder mit Hilfe elektrolytischer Verfahren geschehen.

## E

**Einlassung** Weil plattiertes Silber nicht graviert werden konnte (das darunterliegende Kupfer wäre sichtbar geworden), schnitt man ein Stück heraus und lötete massives Silber darunter. Hierauf konnten Gravuren gut angebracht werden.

**Email** Durch Metallsalze eingefärbtes Glas, das auf eine Metallfläche aufgeschmolzen wird. Es gibt durchsichtige und opake Farben.

## F

**Feston** Girlande aus Blüten oder Früchten, oft mit Bändern oder Schleifen, deren Enden an den Seiten des Bogens herabfallen. Häufig im Klassizismus zu finden.

**Fuß** Zu Tee- und Kaffeekannen wurden gelegentlich passende Füße hergestellt. Sie dienten dazu, einen Abstand zwischen Tisch und Kannen zu schaffen und so das Holz vor der Hitze zu schützen.

## G

**Godrone** Dekoratives Ornament aus parallelen, gerade oder geschweift verlaufenden Rippen, das von innen nach außen getrieben wird. Im 17. und 18. Jahrhundert sehr beliebt. Gelegentlich wurden auch die Rippen auf der Außenseite zusätzlich mit Gravuren verziert.

**Granulieren** Dekorationstechnik, bei der winzige Kügelchen, meist zu Mustern angeordnet, aufgelötet werden.

**Gravieren** Muster und Ornamente werden mit einem Stichel oder einer Graviernadel in die Silberoberfläche geschnitten.

## J

**Japonaiserie** Nachdem sich Japan dem Westen öffnete, gewann ein japanisch inspirierter Stil stark an Popularität.

## K

**Kartusche** Flache, schildartige Fläche mit einem plastischen Rahmen zur Gravur von Wappen oder Schriftzügen.

**Kings-Pattern** Klassisches englisches Besteck. Die Stielenden sind mit Muscheln, stilisierten Blüten und Fadenmustern dekoriert.

**Klassizismus** Stilrichtung des 18. und frühen 19. Jahrhunderts. Typische Elemente: Säulen, Festons etc.

**Kordelwerk** Miteinander verschlungene oder einzelne, wellenförmig angelegte Linienmuster zur Dekoration.

**Krater** Griechische Gefäßform mit zwei Griffen und weiter Öffnung. Im späten 18. und frühen 19. Jahrhundert beliebt.

**Kugelwerk** Eine gegossene Schnur aus kleinen Halbkugeln, die zur Dekoration von Teeservices, Saucieren und anderem Tafelsilber vor allem zwischen 1760 und 1820 beliebt war. Vereinzelt findet sich diese Form der Verzierung auch an Stücken aus dem späten 19. Jahrhundert.

## M

**Mäander** Bandförmiges Ornament aus linear-winkligen oder spiralförmig eingerollten Linien. Der Name stammt von dem kleinasiatischen Fluß Maiandros. Im klassizistischen Europa sehr beliebt.

**Medaillon** Kreisförmige oder ovale Fläche, die ein Einzelornament enthält, z.B. ein Gesicht oder eine Gottheit.

## N

**Niello** Eine schwarze Masse von Silber, Kupfer, Blei, Schwefel und Borax wird in Gravuren eingeschmolzen. Nach dem Abpolieren des Überschusses treten die gravierten Linien schwarz hervor.

## P

**Patera** Klassizistisches Reliefornament, das sich stark an die Formen antiker Opferschalen anlehnt.

**Perlstab** Eine Dekorationsform, die aus nebeneinanderliegenden runden Silberperlen besteht. Sie wurde von ca. 1720 bis 1820 oft als Kante für Tabletts, Teeservices, Saucieren etc. verwendet, ist aber auch an Stücken aus dem späten 19. Jahrhundert zu finden.

**Plattieren** Bezeichnung für ein im englischen Sheffield von Thomas Boulsover erfundenes Versilberungsverfahren. Kupfer- oder Messingblech wird mit einer dünnen Silberplatte belegt und erwärmt, so daß sich das Silber dabei fest mit dem minderwertigeren Trägermaterial verbindet. Das Material kann anschließemd wie Silber getrieben werden, die Versilberung ist haltbarer als die elektrolytisch aufgebrachte.

**Porringer** Fachbegriff für kleine Schälchen, aus denen man Brei (Porridge) aß. In England wurden sie meist mit zwei Griffen, in Amerika mit nur einem versehen.

**Prägeamt** Jeder Silberschmied mußte den Feingehalt des von ihm verwendeten Materials vom offiziellen Prägeamt prüfen lassen. Die Qualität des Silbers wurde mit einem entsprechenden Prägezeichen auf dem Stück bestätigt. Bei den Prägeämtern wurden auch die Meisterzeichen der Gold- und Silberschmiede registriert.

**Punze** Werkzeug aus Stahl zum Einschlagen von Mustern in Metall. Die Schlagfläche kann unterschiedliche Formen haben.

## R

**Rapoussé** Eine alte Technik, erhabene Oberflächenverzierungen herauszuarbeiten. Die Ornamente wurden von der Rückseite des Stücks in das Metall geschlagen.

**Rocaille** Aus der Muschelform abgeleitetes, asymmetrisches Dekorationsdetail, häufig im Rokoko anzutreffen.**Rollwerk** Dekoration, die vorwiegend aus eingerollten Silberbändern besteht.

**Rollkanten** Die Ränder von plattiertem Silber wurden meist eingerollt, damit die innenliegende Kupferschicht unsichtbar blieb.

**Rokoko** Bevorzugter Stil des frühen 18. Jahrhunderts. Typisch sind asymmetrische Rollen, Muscheln, Blüten und Blattwerk.

## S

**Sheffield Plate** Zwischen zwei dünne Silberfolien wird eine Schicht Kupfer gelegt, die drei Schichten werden verschmolzen und dann zu dünnen Platten ausgerollt oder zu Drähten gezogen. Das Verfahren wurde 1743 von Thomas Boulsouer (oder Bolsover, 1704–88) entwickelt. Das auf diese Weise hergestellte Metall läßt sich wie Silber verarbeiten, ist aber weniger haltbar und recht aufwendig herzustellen. Darum konnte sich diese Technik nur bis zur Entwicklung des elektrolytischen Versilberns halten. Die Herstellung von Sheffield Plate ist nicht nur auf die Stadt Sheffield beschränkt.

**Sturzbecher** Becher ohne Fuß und Stiel, die nur in der Hand gefüllt werden konnten und in einem Zug leergetrunken werden mußten.

**Schweifwerk** Dekorationsform, bei der symmetrisch angeordnete Bänder Flächen und geometrische Körper bedecken.

## T

**Teilvergoldet** Bei einigen Stücken wurden zu Dekorationszwecken nur einige Teile mit einer dünnen Goldschicht überzogen. Da Silber einen unangenehmen Eigengeschmack abgibt, wurden Trinkgefäße häufig auf der Innenseite vergoldet.

**Treiben** Auf einer elastisch-harten Unterlage (z.B. Holz) wurde das Metall mit Hammer und Treibwerkzeugen verschiedener Form geschlagen, so daß es sich verformte.

**Trembleuse** Eine Tasse, die auf einem Untersatz von einem breiten, oft durchbrochenen Ring gehalten wird. Vermutlich für Schokolade oder andere Getränke, die im Bett eingenommen wurden.

## V

**Vergolden** Das Aufbringen einer dünnen Goldschicht auf ein Stück Tafel- oder Schmucksilber.

**Vermeil** Der französische Begriff für vergoldetes Silber.

**Verzinnen** Um die Herstellung von Tafelsilber kostengünstiger zu gestalten, wurden Teekannen und ähnliche Gefäße zeitweise auf der Innenseite verzinnt. So konnte speziell bei Sheffield Plate (siehe dort) eine Silberschicht gespart werden.

## Z

**Ziselieren** Technik der Oberflächenbearbeitung bei gegossenen oder getriebenen Stücken mit Punze, Stichel, Feile und anderen Werkzeugen, um besonders feine Modellierungen zu erhalten.

## – Literaturhinweise –

Glanville, Philippa, *Silver*, Victorian and Albert Museum, 1996

*Silver in America 1840 – 1940, A Century of Splendor*, Dallas Museum of Art, 1997

Langford, Joel, *Silber: Alles über das Sammeln von Silber und die Identifizierung von Silberwaren*, Könemann, 1996

Fallon, John P., *Marks of London Goldsmiths and Silversmiths 1837–1914*, Barrie & Jenkins Ltd, London, 1992

Waldron, Peter, *Antique Silver: The Price Guide*, Antique Collectos´ Club, Woodbridge, Surrey, 1992

Zum Winkel, Karl, *Silber: Von den Anfängen der Silberschmiedekunst bis zum 20. Jahrhundert*, 1994